今と未来がわかる

ビジュアル
図鑑
Visual book

横浜国立大学名誉教授
森下信 著

身近な機械

しくみと進化

ナツメ社

CONTENTS

第5章　乗り物

はじめに

　本書では、私たちが毎日の生活の中で何げなく使っている機械のしくみについて、視覚に訴えるビジュアルな図を用いて解説してみました。私たちの周囲を見回すと、生活空間はさまざまな機械であふれています。それらのどの機械にも、それを設計して、部品を作って、それらを組み立てて、動かせるように調整する機械技術者がいます。機械によってさまざまな夢が実現できるならば、機械技術者は夢を作る職業といってもよいかもしれません。

　一昔前の機械は、蓋（ふた）を開けて中身をみると、どのような部品が、どのような機構で動いているのか、「しくみがわかる」ものが多かったように記憶しています。ところが、特に最近では、機械が高度化して複雑な動きが思い通りにできるようになるに従って、内部で何が起こっているのかわかりづらくなっています。

　そこで本書では、キッチン、リビング・寝室、バスルーム・洗面所で使われる機械などに分類し、それらに加えてパソコン・オーディオ・通信機器や乗り物について、それらの**「しくみ」を丁寧に解説しました**。

　ある機械を使っている人が「中身を知りたい」と思うのは好奇心に基づく知識欲で、これは自然な感情のひとつであると思います。そのために提供できる情報は、ざっくりとしたレベルのものから、とても詳しい解説のレベルのものまでさまざまです。

　そのような折に出版社から、「例えば、家電量販店でお客さんに説明する販売員がもつべき知識程度の内容を解説する本」を書いてみませんかと提案を受けました。家電量販店などで説明を受ける立場に立って、このくらいの説明が望ましいなどと考えながら文章を組み立ててみた結果が本書です。

　また**本書では、機械のしくみをわかりやすく図解し、要所要所に機械の内部の３DCGイラストを掲載しました**。メーカーからお借りした機械の写真もたくさん載せていますので、**イラストや写真を楽しく眺めながら、理解を深めることができる**と思います。本書に興味をもち、自ら調べて機械に対する理解を深め、さらに将来的に新しく登場する機械のしくみに思いをはせるような人を一人でも増やすことができれば、著者としてはそれに勝る喜びはありません。

森下　信

第1章

キッチンの機械

　キッチンで活躍する機械といえば、まずあげられるのが冷蔵庫と電子レンジです。第2次世界大戦の後、日本の復興期に国産化が始まったものですが、両方ともに普及率が高く、ほとんどの家庭で揃っている機械です。

　それらに加えて、近年に普及が進んでいる食器洗い乾燥機、IHクッキングヒーターについても紹介します。さらには昔からあるのですが、近年になって脚光を浴びている低温調理器について、そのしくみを解説します。

冷蔵庫

冷蔵庫の歴史

初の国産電気冷蔵庫が登場したのは1930年のことになります。世界初の電気冷蔵庫の登場から12年後のことでした。それから約100年の間には、製氷機能が加わり、冷蔵室の数が増えて食品を分類して保冷できるようになり、今では冷蔵庫は食品の長期保存のために私たちの生活に欠かせない家電製品となっています。

1918年	アメリカで世界初の電気冷蔵庫が開発される。
1930年	芝浦製作所（現東芝）が初の国産電気冷蔵庫を製造する。 写真1
1952年	国産初の一般家庭向けの小型電気冷蔵庫が発売される。 写真2
	戦後の高度成長期に入り、電気冷蔵庫は白黒テレビ、電気洗濯機と並んで「三種の神器」とよばれる。
1961年	冷凍庫付き冷蔵庫が発売される。
1965年	冷蔵庫の普及率が50%を超える。
1969年	2ドア式冷凍冷蔵庫が普及し始める。
1973年	3ドア冷蔵庫が発売される。庫内を食材別に仕切るのが一般的となる。 写真3
	4〜6ドアのタイプも商品化される。
1975年	冷蔵庫の普及率が96%を超える。
1984年	日本初のインバータ制御式冷蔵庫が発売される。 写真4
1998年	世界初のPAM制御式冷蔵庫が発売される。 写真5

写真1 初の国産電気冷蔵庫

アメリカのGE社の製品をモデルに研究開発したもの。容量は125Lで重量が157kgもあった。圧縮機、凝縮器、制御装置が上部に載っていた。

写真2 一般家庭向けの小型電気冷蔵庫

複数のメーカーが同時期に発売。写真は容量94Lの冷蔵庫で、価格は当時の会社員の給料10カ月分という高価なものだった。

写真4 インバータ制御の電気冷蔵庫

電源となる交流の周波数を利用状況によって変化させるインバータ制御（→14ページ）によって細やかな温度制御ができ、同時に消費電力も抑えることができた。

写真3 3ドア冷蔵庫

全国1万人の主婦を対象に市場調査をおこない、野菜の鮮度をできるだけ長く保ちたいという要望にこたえるために、家庭用として初めて野菜専用室を設けた3ドア冷凍冷蔵庫が開発された。

写真5 世界初のPAM 制御の電気冷蔵庫

インバータ制御に加えて、電圧を必要に応じて変化させるPAM制御（→14ページ）によって、モーターが低速回転のときは省電力、高速回転のときはハイパワーを実現。

冷蔵庫のしくみ

冷蔵庫は、食料品を冷やすことによって微生物による腐敗や酸化などの化学的変質の進行を遅らせ、その品質を保つために欠かせない家電製品です。冷却方法にはいくつかの種類がありますが、一般的な家庭用の冷蔵庫にはガス圧縮式という方式が採用されています。

図1-1 冷蔵庫の各部の名称

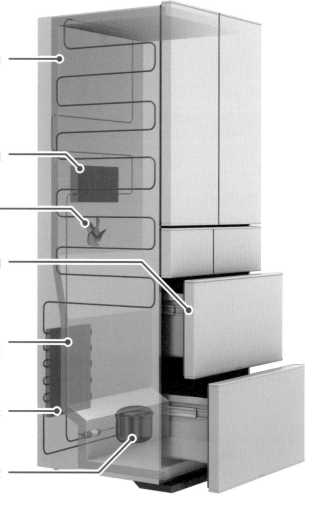

断熱材
内部の冷気が逃げないようにする素材で、ウレタンなどが使われている。

蒸発器（エバポレーター）
冷媒を気化させることで冷やす装置。冷却器ともよぶ。

冷却ファン
冷気を循環させるファン。

ドア
冷気を逃がさないようにドアの内側周囲にパッキンが貼られている。

毛細管（キャピラリーチューブ）
冷媒を冷やして圧力を下げることで、気化しやすい状態にする。

凝縮器（コンデンサー）
熱を外に逃がす装置。放熱器ともよび、背面や側面にある。

圧縮機（コンプレッサー）
冷媒を圧縮する装置。主に冷蔵庫の下部にある。

温度センサーで温度を管理

冷蔵庫は、一般的な冷蔵室や冷凍室、野菜室など、いくつかの部屋に分けられています。それぞれの部屋には温度センサーが設置され、例えば冷蔵室は5℃、冷凍室はマイナス18℃というように、温度が一定に保たれています。

冷気を庫内の各部屋に伝える方式には、冷却器で庫内を直接冷やす直冷式（自然対流式）と、冷却器で冷やした空気をファンを使って庫内に対流させることで冷やすファン式（強制対流式）があります。現在、一般的な家庭用の冷蔵庫では、主にファン式が採用されており、小型冷蔵庫では主に直冷式が採用されています。

気化熱で庫内を冷やすガス圧縮式

一般的な冷蔵庫は、ガス圧縮式という方式で庫内を冷やしています。これは、冷媒という物質が気体になるときに周囲から気化熱を奪って庫内を冷やし、高温の冷媒を外で冷やすことで熱を庫外に逃がすという冷却方式です。具体的には図1-2で示したようになります。このような冷却方式は、エアコンにも採用されていて、ヒートポンプとよばれています。

冷媒には、かつてはフロンというガスが使われていましたが、フロンが環境破壊につながることから、現在はおもにイソブタンというガスが使われています。

図1-2 冷蔵庫を冷やすしくみ

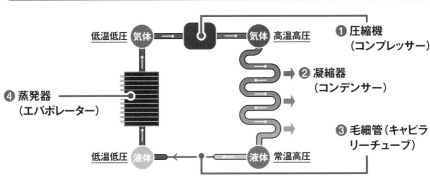

❶圧縮機（コンプレッサー）で低温低圧の気体である冷媒を高温高圧（約80℃）にする。

❷凝縮機（コンデンサー）により放熱をおこなう。圧縮機で圧縮された冷媒を常温高圧（約40℃）の液体にすることで、液化の際に放熱がおこなわれる。

❸冷媒を毛細管（キャピラリーチューブ）という細い管に通すことで、低温低圧にする。

❹蒸発器（エバポレーター）で冷媒を気体にして、庫内から気化熱を奪う。このとき冷媒はマイナス30℃になっている。

図1-3 直冷式とファン式

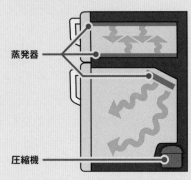

蒸発器

冷却ファン

蒸発器

圧縮機

圧縮機

直冷式（自然対流式） **ファン式（強制対流式）**

　直冷式とファン式の模式図を図1-3に示します。直冷式は効率よく冷却できる反面、冷却器に霜がつきやすいといわれます。ファン式の多ドア型冷蔵庫には、冷凍室と冷蔵室のそれぞれに冷却器を備えたツイン冷却方式もあります。

⚙ 省電力、ハイパワーを求めて進化した制御方式

　従来の冷蔵庫は、十分に冷えると電源を切り、温まると再び電源を入れるという作業を繰り返して、内部を冷やしていました。しかし、この方式では電気に無駄が生まれます。この問題を解決するために登場したのが、インバータ制御です。インバータ制御では、電源である交流電流の周波数を変化させることで、モーターの回転数を制御します。インバータ制御は、省電力性が高いことに加え、細かい温度設定が可能になるという特長があります。

　しかし、インバータ制御は周波数しか変化させることができず、電圧は一定であるため、モーターの低速回転時には一部の電力が無駄になります。そこで、電圧を変化させて回転数をより効率よく制御するPAM制御（Pulse Amplitude Modulation／パルス電圧振幅変調制御方式）が登場しました。PAM制御は、低速回転時には電圧を下げ、高速回転時には電圧を上げることで、ハイパワーと省電力性を両立させています。冷蔵庫の場合は電圧を140〜390V程度変化させてモーターの制御をおこなっています。

⚙ ペルチェ素子を 使った冷蔵庫

ガス圧縮式冷蔵庫のほかに、ペルチェ素子という電子部品を使った冷蔵庫が開発されています。ペルチェ素子は2種類の半導体を貼り合わせたもので、電流の向きによって発熱したり、吸熱したりする特徴があります。このペルチェ素子に吸熱させることで、冷蔵庫の内部を冷やすことができます。この方式は、主にキャンプ用の小型冷蔵庫などに利用されています。

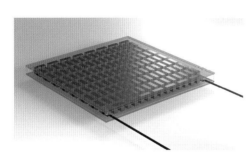

図1-4 ペルチェ素子

ペルチェ素子による発熱・吸熱反応をペルチェ効果という。ペルチェ効果は、1834年にフランス人物理学者ペルチェによって発見された。

▶PICK UP 食品ロスをなくす技術

今、本来なら食べられる食品が捨てられる「食品ロス」が大きな問題となっています。食品ロスのうち、半分近くは冷蔵庫から生まれているという研究結果もあります。現在、冷蔵庫での食品ロスを減らすさまざまな技術が研究、実用化されています。

AIによって開閉が頻繁におこなわれる時間帯を把握し、温度調節に反映させて庫内の温度変化を少なくする技術や、重量検知プレートを使って食品の重さを管理し、在庫状況をスマートフォンに知らせてくれる技術、庫外の上部にカメラがついていて庫内の撮影をおこなってスマートフォンに転送する冷蔵庫（図1-5）などは、その代表例です。

図1-5 カメラ付き冷蔵庫

電子レンジ

電子レンジの歴史

電子レンジは、現在はどこの家庭にも備えられている調理器です。アメリカのレイセオン社が軍事目的でレーダーを開発している途中で、マグネトロンとよばれる真空管の一種でお菓子が温められることに気がつき、そこから生まれた調理器です。日本では、1959年に国産第1号機が誕生しました。その後、オーブンと組み合わせてオーブンレンジとよばれ、さらに健康志向の高まりを背景としてスチームオーブンレンジが誕生しました。

1950年	アメリカで世界初の電子レンジが開発される。軍事用レーダーの開発中に生まれた技術のため、当初は「レーダーレンジ」とよばれた。
1961年	業務用の電子レンジとして国産第1号機が発売される。 写真1
1965年	家庭用の電子レンジとして国産第1号機が発売される。 写真2
1966年	ターンテーブル式の電子レンジが発売される。 写真3
1967年	調理終了時の報知音に「チン」を採用。「チン」という音はシャープが自転車のベルを参考に採用した。
1969年	マグネトロンに関する基本特許の有効期限が切れる。日本では各社が独自の電子レンジ用マグネトロンの生産を開始した。
1977年	オーブンと電子レンジを組み合わせたオーブンレンジが発売され、多機能化へと移行が始まる。
1978年	スチームオーブンレンジが発売される。

写真1 **日本初の業務用電子レンジ**

電子レンジ国産第1号機が芝浦製作所（現東芝）により完成。翌年の大阪国際見本市に出品され注目された。

写真2 **家庭用電子レンジの第1号機**

家庭用電子レンジは松下電気産業（現パナソニック）によって日本で最初に発売された（NE-500）。

1988年	インバータ機能が搭載されたオーブンレンジが発売される。出力が自在に制御でき、省エネ性も高く、その後の主流となる。
1999年	インターネットに接続してメニューが取り込める電子レンジが発売される。 写真4
2002年	スチームとレンジ、ヒーターの同時加熱ができるスチームオーブンレンジが発売される。
2003年	食品の分量と位置を計測して加熱できるオーブンレンジが発売される。
2005年	過熱水蒸気搭載の電子レンジが発売される。300℃以上に加熱した蒸気で調理ができる。 写真5
2011年	レンジとグリルで調理するレンジグリルを主な機能とするオーブンレンジが発売される。

写真3 **ターンテーブル式第1号機**

早川電機工業（現シャープ）が国産初のターンテーブル採用の家庭用電子レンジを発売（R-600）。これにより「温めむら」が大幅に解消された。

写真4 **インターネットから
メニューが取り込める電子レンジ**

インターネットと接続できる電子レンジが誕生し、料理メニューがインターネットから取り込めるような機種も発売された。

写真5
過熱水蒸気搭載の電子レンジ

健康志向の高まりにより、過熱水蒸気で調理できるしくみと組み合わせた電子レンジが発売された。

電子レンジのしくみ

電子レンジは食品を温めたり、冷凍食品を解凍したりするために用いますが、内部にマグネトロンとよばれる電磁波を発生させる装置が備わっています。マグネトロンによって電磁波を発生させて、その電磁波によって食品に含まれる水の分子を振動させることで食品自体を温める調理器です。

マグネトロンのしくみ

マグネトロンの基本的構造を図1-6に示します。マグネトロンによって発生する電磁波はマイクロ波とよばれる波長約1mm～1mのものです。食品にマイクロ波が当たると、食品に含まれる水分子が大きく振動し、温度が上がります。水が含まれていなければ温度は上昇しません。

マイクロ波は金属には反射しますので、電子レンジの扉を含めて金属にすればマイクロ波は外へ飛び出しません。しかし調理の状況をみるために内部を明るくして、外から観察できるように扉はガラスを用いています。ただし、マイクロ波はガラスを通過するので、扉の内側に細かい目の金属網が貼ってありマイクロ波を遮断します。扉を開けたままでは電子レンジは動作しない安全機構が採用されています。

図1-6　マグネトロンの基本構造としくみ

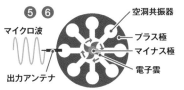

❶ プラス極とマイナス極の間に高電圧を加えて、マイナス極から電子を放出。

❷ 上下にある磁石により、強力な磁場が発生。

❸ 磁場の作用で電子はプラス極に届かず、プラス極とマイナス極の間で電子雲を形成。

❹ 電子雲はマイナス極の周囲を旋回。

❺ この振動をプラス極に設けた共振器で増幅。

❻ そのエネルギーを電波（マイクロ波）としてアンテナから放出。

TDK株式会社　TECH-MAG（テクマグ）「電気と磁気の?館No.32　電子レンジの仕組みとは?加熱の原理や基本構造を解説」を改編。
https://www.tdk.com/ja/tech-mag/hatena/032

⚙ ターンテーブル式

マイクロ波は電子レンジの内部空間に導波管を通じて照射されますが、必ずしも一様に照射されるのではないので、食品の温度分布に「むら」が生じます。これを解決するためにターンテーブル式電子レンジが開発されました。図1-7に示すように、食品をターンテー

ブルに載せて回転させることで、食品の中央部分から端の部分まで全体をある程度均一に温めることができます。

⚙ フラットテーブル式

ターンテーブルでコンビニ弁当のような四角い器に入れたものを温めるときは、角がぶつかって回転が止まってしまうことがあります。またターンテーブルは内部の掃除のじゃまになります。そのために、マイクロ波を出すアンテナを内部で回転させたり、マイクロ波を内部で乱反射させたりするしくみが導入されました。ここでアンテナがマイクロ波を発振することに注意してください。これによりターンテーブルがなくても電子レンジの内部空間全体を利用して食品を温めることができるようになりました。

図1-7 電子レンジ内部のターンテーブル

図1-8 ターンテーブル式とフラットテーブル式

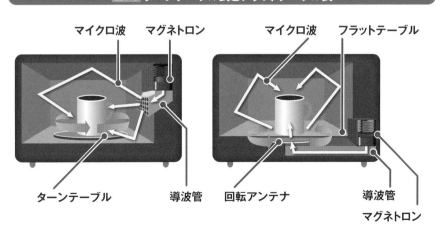

マイクロ波　マグネトロン
ターンテーブル　導波管

マイクロ波　フラットテーブル
回転アンテナ　導波管　マグネトロン

急速に普及した電子レンジ

高度成長期の生活の質向上とともに、電子レンジは手軽に食品を温める調理器として普及が始まりました。図1-9に示すように、1971年時点では炊飯器や冷蔵庫はすでにほとんどの家庭で使われていましたが、電子レンジの普及率はわずか2%に過ぎませんでした。ところが、1985年から1990年にかけて50%を超え、2000年には90%以上の家庭で電子レンジが使われるようになりました。また冷凍での食品保存も一般的となり、解凍調理器としても利用されるようになりました。

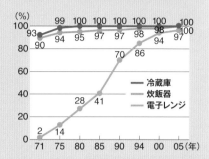

図1-9 電子レンジ、炊飯器、冷蔵庫の一般家庭での保有率の推移

出典:一般社団法人中央調査社「中央調査報（No.607）」
台所・厨房機器の保有率の推移

電子レンジで使われる電磁波の周波数

マイクロ波は周波数でいうと300MHzから300GHzの電磁波で、電子レンジは日本では2.45GHzを使っています。そのときの波長は122mmとなり、意外と長いように思います。加熱の度合いは水分子の固有振動数、誘電体の吸収係数などによって変化します。水分子の固有振動数のひとつは100THzほどであり、また吸収係数は

図1-10 身の回りの電磁波の周波数

電磁界の種類	非電離放射線							電離放射線
	静電磁界	超低周波電磁界	中間周波電磁界	高周波電磁界			光	放射線
周波数	ゼロ	300Hz以下	300Hz〜10MHz	10MHz〜300MHz	300MHz〜3GHz	3GHz〜3000GHz	3THz〜3000THz	3000THz以上
波長(m)	なし	長 ← 10^6 10^4 10^2 10 1 10^{-1} 10^{-3} 10^{-4} 10^{-7} → 短						
主な発生源や利用例	地磁気 磁石 鉄道 MRI	電力設備 家電製品電源 鉄道	IH調理器 鉄道 AMラジオ放送	FMラジオ放送	電子レンジ 携帯電話 テレビ放送	BS (衛星放送)	太陽光	レントゲン

注：周波数「Hz（ヘルツ）」は、1秒間に振動する数で電磁波の伝わる速さ（3×10^{8}m／秒）を波長で割った数です。
　　k（キロ）=10^3、M（メガ）=10^6、G（ギガ）=10^9、T（テラ）=10^{12}。

出典：電磁波情報センター　電磁波なんでも情報　電磁波のはなし　電磁波とは
https://www.jeic-emf.jp/public/story/around/e-waves.html

PICK UP 電子レンジに金属の容器が使えない理由

電子レンジには金属の容器、アルミ箔、金銀などの金属系塗料で模様が描かれた食器などを使わないように注意が必要です。少し難しい話になりますが、金属表面は電子が自由に動く状態になっていて、マグネトロンから発生したマイクロ波により電子の振動が大きくなり、場合によって電子が金属の外へ飛び出すことがあります。これが火花として見えるのです。この火花で電子レンジの部品が故障したり、火花が食品に引火して火事の原因となったりする可能性があります。

水の場合20GHz程度が最も高くなることが知られています。一方で、食品への電磁波の浸透の度合いは周波数が低いほうがよいのです。そこで、国際電気通信連合(ITU)が定めた産業や科学、医療などに割り当てた周波数帯のひとつとして2.45GHzが採用されたようです。アメリカでは900MHzが業務用として使われています。

また電子レンジのマイクロ波はWiFiの2.4GHzの周波数に近いために、マイクロ波が漏れるとスマートフォンやパソコンのWiFi通信が乱れる場合もあります。

⚙ これからの電子レンジ

マグネトロンは真空管の一種に分類できます。私たちの生活空間では真空管からトランジスターへの置き換えが進み、電子機器の小型化と信頼性向上が図られました。マグネトロンについても例外ではなく、「ソリッドステート・パワーアンプ(SSPA)」への置き換えが将来的に準備されています。図1-11にSSPAの一例を示します。まだ、高価であるという問題はあるのですが、マグネトロンと比較して小型で長期にわたり性能を保つことができ、温めむらの少ない、選択的加熱ができる新しいタイプの電子レンジが登場することが期待されています。

図1-11 マグネトロンとSSPA

食器洗い乾燥機

食器洗い乾燥機の歴史

食器洗い乾燥機とは、食事を終えた際に茶碗、皿、ボールなどを洗って乾燥までさせる機器です。かつて、日本の家庭では、食事の片付けは主婦の仕事とされていたことから、食器洗い機や食器洗い乾燥機は、一般家庭にはなかなか広まりませんでした。しかし、男女共同参画、女性の社会進出による共働きの家庭が増えたことなどが追い風となり、2000年代に入って急速に広まりました。

1909年	アメリカのGE社が電動式食器洗い機を開発。
1929年	ドイツのミーレ社が電気食器洗い機を発表。 写真1
	世界恐慌により世間は節約モードになる。
1960年	ドイツのミーレ社が全自動食器洗い機「G10」を開発。 写真2
1960年代	女性の社会進出が始まり、家事作業の負担軽減のために食器洗い機が登場。
1960年	松下電器産業 (現パナソニック) が国産初の電気自動皿洗い機「MR-500」を発売。
1968年	松下電器産業が日本初の卓上型食器洗い機「NP-100」を発売。 写真3
1969年	松下電器産業が食器洗い乾燥機床置きタイプ「NP-1000」を発売。
1970年代	給湯器が普及。
1970年前後	欧米のシステムキッチンが導入されるようになる。

写真1 **ヨーロッパ初の電気食器洗い機**

電動のプロペラがお湯をかき回して食器を洗った。この機種を製作したミーレたちの会社は、現在はドイツを代表する家電メーカーとなっている。

写真2 **全自動食器洗い機「G10」**

上と下にあるスプレーアームが回転しながら水を噴射させる構造で、フロントオープン形式が採用された。

1973年	井上食卓（現クリナップ）がシステムキッチンを発売。
1986年	松下電器産業が卓上型食器洗い機「NP-600」を発売。 写真4
1988年	松下電器産業が日本のキッチン幅の規格に合わせたビルトイン型食器洗い乾燥機「NP-5500B」を発売。
1990年	食器洗い乾燥機の普及率は2%程度。
1996年	各社が小型・低価格の卓上型食器洗い機を次々と発売。
1999年	松下電器産業が引き出し型食器洗い乾燥機「NP-P45X1P1」を発売。
	松下電器産業が卓上型食器洗い乾燥機「NP-33S1」を発売。 写真5
2003年	小泉首相が施政方針演説。食器洗い乾燥機、薄型テレビ、カメラ付き携帯電話を「新三種の神器」と命名。
2008年	リンナイが重曹洗浄モード搭載の食器洗い乾燥機を発売。
2010年頃	食器洗い乾燥機の総需要が頭打ち。導入する家庭を多くするために単身・少人数世帯向けの小型卓上食器洗い乾燥機が開発される。
2018年	新興家電メーカーのエスケイジャパン、アクアが相次いで食器洗い乾燥機を発売。
2019年	シロカ、アイリスオーヤマなども食器洗い乾燥機を発売。
	リンナイがフロントオープンタイプ食器洗い乾燥機を発売。

写真3
日本初の卓上型食器洗い機「NP-100」

食器洗い器を瞬間湯沸かし器に接続し、お湯を使うことで油汚れが落ちやすくなった。

写真4 **卓上型食器洗い機「NP-600」**

狭い台所にも置けるコンパクトさが受け入れられ、3万台を売り上げるヒット商品となった。

写真5 **卓上型食器洗い乾燥機「NP-33S1」**

狭い台所でも設置可能なように、電気関係の部品を底部に集める構造や2段かごが採用され、一段とスリム化が図られた。

食器洗い乾燥機のしくみ

食器洗い乾燥機は、洗浄とすすぎ、乾燥を一手に担います。食器をよりきれいに洗うことができるように、工程ごとに温度の異なる水を使うなど、さまざまな工夫がなされています。

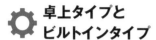

卓上タイプと ビルトインタイプ

　食器洗い乾燥機には、キッチンの空いている場所に置く卓上タイプと、システムキッチンに組み込まれているビルトインタイプの2種類があります。いずれも、図1-12に示すようなしくみで、食器を洗った後に温風で乾燥させています。

　まず、水道水をタンクに一時的にた

めて、そこから食器洗浄部に水をポンプで送ります。ここでヒーターにより水温を高くして洗剤を混ぜ、もう1台のポンプを使ってノズルから高圧水を食器に吹き付けます。これで一定時間洗浄した後に排水し、新たな水を加えてすすぎをおこないます。このすすぎは、注水・排水を繰り返して複数回おこなわれます。そして最後に、たまっている温水を利用して空気を温め、それを食器に吹き付けて乾燥させます。

図1-12 食器洗い乾燥機のしくみ

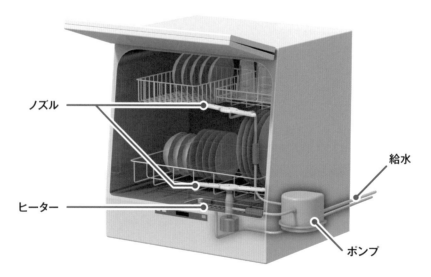

ノズル

ヒーター

給水

ポンプ

洗浄力は、高圧水を吹き付けるノズルの性能によって大きく変わる。
そのため、製造各社はノズルにさまざまな工夫を凝らしている。

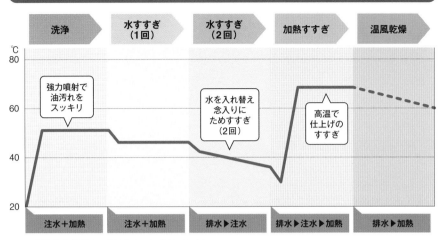

図1-13 食器洗い乾燥機の工程の一例

洗浄 ／ 水すすぎ（1回） ／ 水すすぎ（2回） ／ 加熱すすぎ ／ 温風乾燥

強力噴射で油汚れをスッキリ

水を入れ替え念入りにためすすぎ（2回）

高温で仕上げのすすぎ

注水＋加熱 ／ 注水＋加熱 ／ 排水▶注水 ／ 排水▶注水▶加熱 ／ 排水▶加熱

一般的な食洗機の工程（給水20℃接続の場合）

⚙ 食器洗い乾燥機の強み・弱み

食器洗い乾燥機は、洗浄から乾燥までを含めると1～2時間程度かかります。少量の食器では人間が手洗いしたほうが短時間で終わる場合もあります。ただし、ある程度の分量になると、手洗いは時間がかかりますし、機械に任せればその時間を別のことに使えるかもしれません。食器洗い乾燥機が一度に洗える食器数は、5人分で40点程度、6人分なら45点程度になります。また、メーカーによりかごの形が異なっていて、それぞれに特長があります。

表1-1 強みと弱みのまとめ

強み	60～80℃の高温水で油汚れを落とせる。 手洗いでは手荒れの原因となる強力な洗剤を使える。 除菌できる。 節水できる（手洗いの1/4～1/8といわれる）。 ゆとり時間が増加する。
弱み	振動・騒音が大きい（洗浄力を強くするため水流を強くすると振動や騒音が発生する）。 さまざまな形や大きさの食器の洗浄が難しい。 洗うことができない食器類がある（強化ガラス・クリスタルガラス、プラスチック製品、漆塗り食器、木製品、メッキ製品、アルミ製食器、鉄鍋など）。

PICK UP　食器洗い乾燥機の普及率

図1-14に国内の食器洗い乾燥機についての販売台数と普及率の推移を示します。2000年前後には販売台数が急激に伸びましたが、それ以降はほぼ横ばいです。それに伴い、普及率も最近は30%台に留まっています。

図1-14 食器洗い乾燥機の販売台数と普及率の推移

パナソニック「食洗機の国内総需要・普及率推移」（総需要：日本電機工業会調べ、普及率：パナソニック調査）、経済産業省「生産動態統計調査／機械統計編」、内閣府「消費動向調査」をもとに改編。

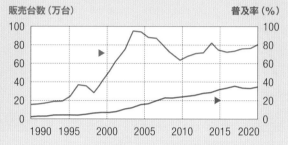

⚙ ビルトインタイプの特徴

システムキッチンの一部に組み込むビルトインタイプの食器洗い乾燥機は、置き場所が必要な卓上タイプに比べて、キッチンをすっきりとさせることができます。日本のビルトインタイプには、45cm幅と60cm幅の2種類があります。また図1-15に示すように、開閉方法によってフロントオープン、引き出しの2つに分けられます。設置にはキッチン全体の入れ替えが必要な場合もありますが、現在使っているキッチンの収納スペースに取り付けることができるタイプもあります。

図1-15 引き出しタイプ（左）とフロントオープンタイプ（右）

PICK UP　食器洗い乾燥機の手入れ

　本来は食器の汚れを落とすための機械なので、洗剤で洗浄した後の温水は当然ながら汚れています。洗浄水は一定時間繰り返し使い、都度、フィルターを通して汚れを取り除くのですが、フィルターには汚れがたまります。また、洗浄の後はすすぎを複数回おこなうのですが、こ

こでも注水・排水を繰り返しながらフィルターを通した温水を使っています。できれば使う度にフィルターおよび機械そのものを掃除する必要があります。内部には多数のセンサーが組み込まれているので、掃除をしないと、センサーが誤作動する可能性が高くなります。

PICK UP　日本の台所の変遷

　「台所」は平安時代の「台盤所」に由来するといわれています。台盤所とは配膳のための盤を載せる台が置いてあった部屋のことで、本来は広い部屋ではありません。歴史的にも長い間、台所は単に料理を作る場所として使われてきました。ところが、1970年前後にシステムキッチンが登場し、その後にダイニングキッチンという考え方が定着し、さらに給湯器の普及により「お湯を使って食器を洗う」ことが当たり前になってきました。キッチンは家事の効率化と同時に快適な

居住空間へと変化しました。
　システムキッチン用の多様なキャビネットが売られ、組み替えが自由でスペースの有効利用が謳われました。この過程で、システムキッチンの中に食器洗い乾燥機を組み込むという様式が広まりました。
　また、システムキッチンの中に組み込むまでもなく、卓上型の食器洗い乾燥機の静音化、小型化が進み、世の中に受け入れられてきたようです。

図1-16　明治時代以前の庶民の家の台所
半分は土間になっており、水仕事は土間の部分でおこなわれた。

IHクッキングヒーター

こんろの歴史

こんろは、しばしばカタカナで表記されますが、焜炉（こんろ）という日本語で、持ち運びができる調理用の炉のことでした。そのこんろの熱源は固体（薪・炭・石炭）から液体（石油）、気体（天然ガス）へと変遷しましたが、一方で、直接的に火を使わない電気抵抗による熱、さらには電磁誘導による熱を利用したこんろであるIHクッキングヒーターが登場しました。こんろの変遷は、日本の台所様式の移り変わりと密接な関係があります。

江戸時代 〜	かまどで薪（まき）を燃やして調理する。 写真1
1950年代 はじめ	かまどの燃料が薪から炭へと置き換わる。
	かまどの燃料として一部地域で石炭が使われる。
1952年	加圧式石油こんろが発売される。 写真2
1950年代 なかば	都市ガス・プロパンガスの利用が広がる。
	公団住宅が普及するとともに、公団住宅の台所の配置に合わせてキッチンスタイルが変化した。 写真3
1959年	自動点火式ガスこんろが発売される。 写真4
	戦後の高度成長期を迎える。
1969年	岩谷産業がカセットこんろを発売する。 写真5
1974年	卓上型のIHクッキングヒーターが発売される。 写真6
1994年	ビルトインタイプで標準サイズのIHクッキングヒーターが発売される。

写真1 **かまど**

かまどの燃料としては薪（まき）が最も一般的だったが、その後、炭に置き換わり、一部の地域では石炭も使われた。

写真2 **加圧式石油こんろ**

灯油燃料タンク内を手動ポンプなどで加圧し、噴霧気化させた灯油をバーナーで燃焼させる方式のこんろ。

写真3 公団住宅のキッチン

1962年に建設された赤羽台団地の
ダイニングキッチンの実物大再現。
せまい範囲に、シンクやコンロが効
率よく配置されている。

国立歴史民俗博物館所蔵

写真4 自動点火式ガスこんろ

フィラメントを加熱して点火する装
置が採用され、つまみをひねるだ
けで点火させることができるように
なった。

写真5 カセットこんろ

正式な名称は「卓上用カートリッジガスこんろ」とい
い、「イワタニホースノン・カセットフー」として発売
される。カセットのガス容量は220gだった。

写真6 卓上型IHクッキングヒーター

1974年に発売された100Vの卓上型IHクッキング
ヒーター第1号製品。カウンタータイプとよばれ、ガ
ラガラと移動して使えた。

IHクッキングヒーターのしくみ

IHはInduction Heatingの頭文字をとった用語で、「電磁誘導加熱」とよんでいます。これまでは、薪、炭などの固体燃料や石油などの液体燃料に火をつけて、温度の高い火に鍋をかけることで鍋を熱して料理をしていました。一方で、IHクッキングヒーターでは鍋を熱するしくみが全く異なっていて、内部に組み込まれたコイルにより磁力線を発生させて、その磁力線を鍋に通して鍋を発熱させることで料理をします。

⚙ 鍋が発熱する IHクッキングヒーター

IHクッキングヒーターの内部には磁力線発生コイル（誘導加熱コイル）が組み込まれていて、このコイルに高周波の電流が流れるとその周囲に磁力線が発生します。この磁力線がヒーターの上に置かれた金属製の鍋を通るときに渦電流が発生して、鍋の電気抵抗によって発熱します。鍋が発熱することがポイントで、鍋が熱くなることに伴いヒーター面が熱くなりますが、ガスこんろなどのように周囲を直接熱くする訳ではありません。IH用に使える鍋は限定されていて、製品安全協会のSGマークで「IH対応」と記載があります。

図1-17 IHクッキングヒーターで鍋が発熱するしくみ

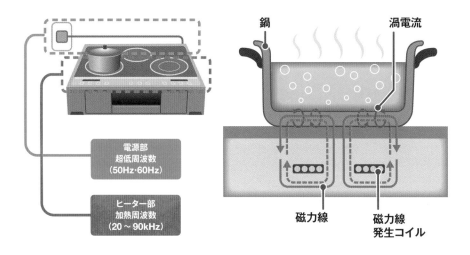

電源部
超低周波数
（50Hz・60Hz）

ヒーター部
加熱周波数
（20〜90kHz）

鍋　　　渦電流

磁力線　　磁力線
発生コイル

図1-18 IHクッキングヒーターの内部

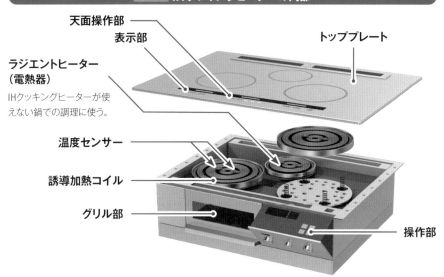

天面操作部

表示部

トッププレート

ラジエントヒーター
（電熱器）

IHクッキングヒーターが使
えない鍋での調理に使う。

温度センサー

誘導加熱コイル

グリル部

操作部

 **電磁誘導に
よって生まれる渦電流**

　まず、電線に電流を流すとその周囲
に磁場が発生するという現象がありま
す。一方で、磁場の中に電導体を置い
たとき、そのままだと何も変化しない
のですが、磁場の強さが変化すると、
電導体の内部にその磁場の変化を弱め
るような向きの電流が発生します。こ
の現象を、電磁誘導といいます。電磁
誘導によって電導体に発生する電流は、
電導体の中で閉曲線を描くように発生
するので、これを「渦電流」とよびます。

　コイルに電流が流れて発熱するまで
の過程を説明すると、以下のようにな
ります。

❶IHクッキングヒーターのガラス表

面の直下部に置かれた磁力線発生
コイルに高周波電流を流す。

❷コイルの周囲に高周波数で変動する
磁場が発生する。

❸IHクッキングヒーターの上に置か
れた鍋の底部が高周波変動磁場に
さらされる。

❹鍋の底部に高周波の渦電流が生じる。

❺鍋は金属製で電気抵抗があるので熱
（ジュール熱）が発生する。

　このとき、表皮効果によって周波数
の高い電流は表面に近い部分に流れま
す。さらに鍋が磁性体の金属だと、磁
場の変化によって磁化するときにエネ
ルギーが失われ、その分も熱として加
えられます。これらの作用で鍋が加熱
されることになります。

⚙ IHクッキングヒーター から発生する電磁波

IHクッキングヒーターは20～90kHzの高周波電流を磁力線発生コイルに流しており、また電源には50Hzまたは60Hzの交流電流を用いているので、2種類の電磁波が発生しています。人の身体は電磁波を浴びることによって身体の中に電気が流れ、普通の生活環境の数百倍の電磁波を浴びると神経や筋肉の活動に影響があることがわかっています。そこで、電磁波による健康被害を防止するために、国際的なガイドライン（ICNIRPガイドライン）が設けられています。2010年版のガイドラインによれば、参考レベルとして、商用周波数帯（50Hz、60Hz）では200μT、誘導加熱周波数帯（20～100kHz）では27μTとしています。実際のIHクッキングヒーターから漏れる電磁波は1μT以下ですが、磁力線発生コイル外周部分に非磁性金属によるシールド部材を配置して、電磁波の漏れの低減を図っています。

図1-19 主な家電製品からの電磁界の強さの国際的なガイドラインに対する比率の例

発生する電磁波が基準値（100％）を超えなければ安全とされている。

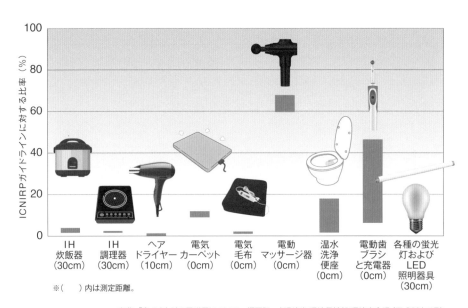

※（　　）内は測定距離。

出典：「身のまわりの電磁界について―概要版―」環境省 環境保健部 環境安全課（平成30年4月）

⚙ IHクッキングヒーターで使える鍋

IHクッキングヒーターでは、どのような鍋でも使える訳ではないので注意が必要です。基本的に底面が平らで、鍋の直径も最大で26cm程度と限られています。ただし、IHクッキングヒーターといっても、鉄・ステンレス対応のものとオールメタル対応のものとがあります。またIHクッキングヒーター

の一部に電熱線が組み込まれている場合(シーズヒーターやラジエントヒーター)もあります。ここでいう鍋はIHクッキングヒーターを用いる場合の適否になります。鍋を使うときは鍋に貼られているSGマークを確認してください。

図1-20 SGマークの一例

クッキングヒータ用調理器具SG認定商品

表1-2 IH クッキングヒーターの種類と使える鍋

材質		鉄・ステンレス対応IH	オールメタル対応IH
鉄・鉄鋳物・鉄ホーロー		○	○
ステンレス	磁性　18-0	○	○
	非磁性18-8、18-10	△（厚さ1mm以下）	△（厚さ1mm以下）
多層鍋	鉄を挟む	○	○
	アルミを挟む	✕	○
アルミ・銅		✕	○
ガラス・陶磁器（土鍋など）		✕	✕

オールメタル対応 IHクッキングヒーター

正式には「オールメタル加熱方式IHクッキングヒーター」とよばれるのですが、鉄やステンレスの鍋だけではなく、アルミ鍋や銅鍋を使って調理することのできるIHクッキングヒーターです。2002年に松下電器産業（現パナソニック）が商品化しました。アルミや銅は電気抵抗が非常に小さく、調理に必要な熱を生み出すことができなかったのですが、磁力線発生コイルに通常のIHクッキングヒーターよりさらに高周波の電流を流すことで加熱できるようになりました。メリットは多くの種類の金属鍋を利用できることですが、デメリットとしては、機器代金が高いことに加えて消費電力が大きいことがあげられます。

加熱調理器具の熱効率

IHクッキングヒーターを使い始めるにあたり、一番気になるのが電気代とその効率です。歴史的にこんろの熱源として使ってきた薪は20％程度の熱効率であり、炭はもう少し効率的で30％前後といわれています。ガスこんろは年々わずかずつ上昇していて50％程度になっています。これらと比較して、IHクッキングヒーターは90％程度の熱効率といわれています。電気代は社会の経済状況によって変化しますが、IHクッキングヒーターでは電気エネルギーが効率よく食材（鍋を含む）を熱するのに使われていることがわかります。

図1-21 熱効率の違い

薪と草木（15～20％）

木炭（25～35％）

都市ガス（35～50％）

シーズヒーター（約70％）
IHヒーター（80～90％）

※（　）内は熱効率

出典：肥後温子「調理機器の変遷と調理性能の向上」日本食生活学会誌、第30巻第4号191-200（2020）

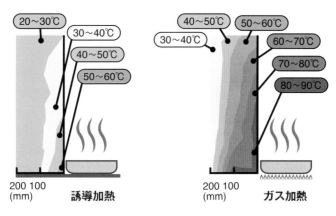

図1-22 調理時の周囲の温度

20〜30℃ / 30〜40℃ / 40〜50℃ / 50〜60℃
40〜50℃ / 50〜60℃ / 30〜40℃ / 60〜70℃ / 70〜80℃ / 80〜90℃

200 100 (mm) **誘導加熱**　　200 100 (mm) **ガス加熱**

ガス加熱は炎の熱で周囲の空気まで加熱するため周囲に逃げる熱が多く、料理に使われる熱は相対的に少なくなる。一方、IHクッキングヒーターによる加熱は、鍋自体が発熱するために周囲に逃げる熱が少なく、より多くの熱が調理に使われる。

PICK UP こんろの今後

　IHクッキングヒーターは火を直接使わないため、調理時に周囲に火が燃え移ることもなく、ガスなどと比較して安全性に優れています。熱効率も高く、熱の漏れが少ないために周辺が暑くならず、特に夏は快適性が高いとされています。高齢者はどうしても注意力が衰える傾向にあり、また環境の変化に対しても弱いので、超高齢社会が進む日本ではこれからも普及率は上がることが予想されます。

　一方で、IHクッキングヒーターで使える調理器具には、火により加熱する場合と比較して形状や材質に制限があり、またIHクッキングヒーターそのものの設備費は高額です。さらに熱効率はよいのですが、電気を作る段階での効率を考えると、エネルギーの効率としてはガスとあまり変わりません。CO_2の排出量は天然ガスと比較して多いことも問題点です。これらが今後の技術革新により改善され、ガスこんろとともに調理を支える道具として発展することが期待されます。

低温調理器

低温調理器の歴史

低温調理とは、食品を焼くでもなく、煮るでもなく、蒸すでもなく、100℃以下でじっくりと何時間もかけて料理する調理方法です。日本では江戸時代に低温殺菌に関する資料があり、アメリカでは先住民の調理方法のひとつとして低温調理がおこなわれていました。さらに欧米ではスーヴィー（Sous vide／真空調理）という調理法や、スロークッカーとよばれる低温調理器が一般家庭で古くから用いられています。

1500年前後	日本で酒造りの過程で火入れによる低温殺菌の記録あり。 写真1
1799年	イギリスのベンジャミン・トンプソンが「低温調理」に関する記述を残す。 写真2
1932年	冷凍肉を長期保存するための真空包装技術が導入される。
1940年代	アメリカでスロークッカーが流行する。
1971年	クロックポット社よりスロークッカーが発売され、世界中で使われる。 写真3
1974年	スウェーデンで真空包装された生肉を加熱加工する試みがおこなわれる。
1979年	フランスのジョルジュ・プラリュがフォアグラを真空調理する。
1980年代以降	樹脂の袋を利用した低温調理器が流行する。 写真4
1985年	フランスの高速鉄道が真空調理を採用する。
現在	さまざまなメーカーが低温調理器を発売する。 写真5

写真1 酒造りの火入れのようす

できあがった酒を低温殺菌することを「火入れ」という。火入れは、現在も多くの日本酒製造において欠かすことのできない工程となっている。

写真2 ベンジャミン・トンプソン（1753～1814）

イギリスの物理学者で、熱工学で先駆的な業績を上げた。低温調理をはじめとするさまざまな調理に対して科学的な取り組みをしたことで知られている。

写真3 クロックポット社のスロークッカー

低温調理器の一種。安価な肉を、簡単な調理で柔らかく、おいしく食べるために開発された。

写真4 樹脂の袋を使った低温調理

食材を樹脂の袋に密封して低温調理器に入れる。無駄な空気を排出・遮断することで、おいしさを閉じ込めることができるといわれる。

写真5 現在の低温調理器

水を入れた鍋に樹脂の袋に入った食材を浸し、温度を管理しながら加熱して調理する。
素材の味を生かした料理を手軽に作ることができる調理器具として人気が高まっている。

電源/スタート
温度
57.0
タイマー
03:00
設定

低温調理器のしくみ

最近流行している低温調理器は、食材を調味料とともに耐熱性のある樹脂の袋に封入して、湯煎（ゆせん）で時間をかけて食品を調理する器具のひとつです。湯の温度は、室温から沸騰する直前の95℃くらいまでの範囲で設定でき、タイマーにより時間管理もできます。

低温調理器の構造

市販の低温調理器は、筒のような形状をしているものが多く、本体の下部を水が入った比較的深い鍋に入れ、鍋のふちを挟む状態で取り付けます。低温調理器の上部には温度設定やタイマーのボタンがあり、この部分で調理の水温や調理時間を設定します。温度は、室温から最高で95℃ほどまで設定できます。

低温調理器の内部は非常に単純な構造をしていて、筒状の調理器の内部には調理用の水を温めるコイルヒーターと棒状の温度センサーがあります。さらに、水を環流させるかく拌用プロペラも取り付けられています。このプロペラが調理中に回転することで温水が流動し、食品が均一に加熱されるしくみとなっています。

図1-23 低温調理器の内部構造

❶低温調理の下部カバー
❷調理水を環流させる穴
❸温度センサー
❹プロペラ
❺コイルヒーター

図1-24 低温調理器による調理方法

ヒーター
温水
プロペラ
流動して温度が均一になる
食品

低温調理の科学

低温調理は、これまでの「焼く」「ゆでる」「蒸（む）す」という代表的調理法に対して、第4の調理法といわれています。肉や魚のたんぱく質の変性を抑えることができるために、食材本来の水分や旨みを食材内部に留めておくことができるとされ、柔らかい食感を得ることができます。我が国には、これまでも湯煎として食材をお湯で間接的に加熱する方法があり、似たような調理方法といえます。

食肉の調理温度と柔らかさの関係

　食肉は、動物の身体を動かす筋肉（骨格筋といいます）が主体の動物性食品です。動物の筋肉は、同じような構造が細い部分から太い部分まで繰り返される階層構造となっています。この中で筋線維束の周囲にコラーゲンがあり、筋線維は棒状の筋原線維たんぱく質と球状の筋形質たんぱく質からなっています。

　これらのコラーゲンやたんぱく質は、柔らかくなったり硬くなったりする温度が、それぞれ異なっています。低温調理は、食肉に含まれるコラーゲンやたんぱく質をバランスよく変質させ、肉の柔らかさを生かして調理する方法ということができます。

表1-3　温度と食肉の状態

温度	食肉の状態
45～50℃	筋原線維たんぱく質が熱で凝固
55～60℃	筋形質たんぱく質が熱で凝固
65℃	コラーゲンが縮んで最初の1/3の長さになる
75℃	コラーゲンが分解されてゼラチン化する

図1-25　温度に対する食肉の硬さ

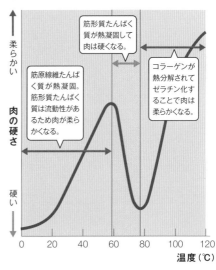

⚙ 「酸化する」とは何か

　酸化とは物質が酸素分子と結合して新たな物質ができることをいいます。特に油脂を含む食品では、保管中に酸化によって味やにおいに異常を生じることがあり、ときには食中毒の原因となる場合もあります。専門的な施設の中で酸素を遮断して食品を特殊な袋に封入すれば酸化を防ぐことができますが、一般家庭ではできません。

　近年の低温調理は加熱前の段階で食品を耐熱性の袋に入れて空気をある程度抜いて調理します。科学的な意味での真空状態に食品を置くわけではないのですが、「真空調理」ともよばれます。しかし、調理する食品から酸素をある程度切り離すことで、食品の酸化を遅らせることができます。ただし、レトルトパックのような気密性をもっている訳ではないので、長期間の保存はできません。

▶PICK UP 食品の「変質」

　「変質」とは耳慣れない言葉ですが、食品衛生学の専門用語で、食品の質や成分が何らかの原因により変わってしまうことをいいます。細菌・カビなどの微生物による変質と、光・空気などの物理的・化学的な作用による変質に分類されます。

　微生物による変質は、食べられないか、食べられるかによって腐敗と発酵に区別されます。一方で、化学的変質は分解・軟化、色の変化、油脂の酸化などに区別されています。加熱によるたんぱく質の変化や酸化は、化学的変質の一種です。

　微生物による変質を防止するためには、温度や水分、酸素などを調節して、殺菌したり増殖を抑えたりすることが必要です。また、化学的変質については、酸素や温度、熱、光などを制御して油脂の酸化を抑えることにより防ぐことができます。

図1-26 食品の変質の分類

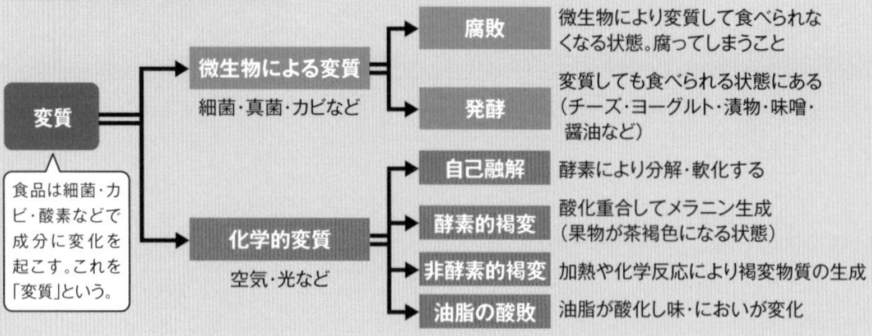

変質			
	微生物による変質 細菌・真菌・カビなど	腐敗	微生物により変質して食べられなくなる状態。腐ってしまうこと
		発酵	変質しても食べられる状態にある（チーズ・ヨーグルト・漬物・味噌・醤油など）
	化学的変質 空気・光など	自己融解	酵素により分解・軟化する
		酵素的褐変	酸化重合してメラニン生成（果物が茶褐色になる状態）
		非酵素的褐変	加熱や化学反応により褐変物質の生成
		油脂の酸敗	油脂が酸化し味・においが変化

食品は細菌・カビ・酸素などで成分に変化を起こす。これを「変質」という。

低温調理で食中毒の危険性

低温調理では、食品を50〜95℃で一定時間、加熱します。この温度範囲は細菌の繁殖しやすい温度帯であるため、低温調理をおこなうには衛生面での注意が必要です。調理する人の手や指の十分な洗浄や消毒が必要なのは当然ですが、包丁やまな板などの調理器具を清潔に保つ必要もあります。

食中毒を防ぐためには原因となる細菌を殺せばよいので、食品を加熱することが大切です。食肉の低温調理で、食中毒菌を殺菌するために必要な温度

と時間は、肉の中心部の温度が63℃で30分以上、70℃で3分以上、75℃で1分以上といわれています。しかし、ウェルシュ菌やセレウス菌という種類の細菌のなかには、加熱しても死滅させることができないものがあります。また、ブドウ球菌などのように、菌が死滅しても毒素が残るものもあるので、注意が必要です。

図1-27 サルモネラ菌

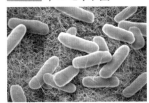

表1-4 食中毒を起こす可能性のある主な微生物

細菌	サルモネラ菌、カンピロバクター、ブドウ球菌、ボツリヌス菌、病原性大腸菌、ウェルシュ菌、セレウス菌、コレラ菌、赤痢菌、チフス菌、その他
ウイルス	ノロウイルス、A型肝炎ウイルス、E型肝炎ウイルス、その他

PICK UP 湯煎とクックチル

日本には、低温調理によく似た伝統的調理法として、食材をお湯で間接的に加熱する「湯煎」があります。湯煎は、食材を焦がさず均一に温めることができるので、加熱によって焦げやすいものや分離しやすいもの、硬くなりやすいものを温めるときに適しています。

低温調理された料理は、調理後すぐに食べるのが理想的ですが、数日間保存するためにクックチルという方法があります。クックチルは、通常通り加熱調理した料理を30分以内に冷却し始め、90分以内に中心温度を3℃以下まで急速冷却して、0〜3℃で衛生的に保存する方法です。クックチルにより保存された食品は、必要により、提供するタイミングで再加熱します。

炊飯の科学～おいしいご飯を炊く科学～

「はじめチョロチョロ中パッパ、ジュウジュウ吹いたら火を引いて、赤子泣いても蓋取るな」。これはご飯を炊くときの火加減を言い表したものとして昔から知られています。炊いたご飯の味は、昔から日本人の食生活にとってとても大切なものです。

お米には、炭水化物・たんぱく質・脂質、さらには香りの成分などが含まれています。おいしいお米には、これらがバランスよく含まれていることが大切です。特に炊いたご飯の粘り気を左右するのが炭水化物としてのでんぷんです。お米には、ブドウ糖が直鎖状につながったアミロースと、ブドウ糖が樹枝状につながったアミロペクチンという2種類のでんぷんが含まれています。日本人が好むジャポニカ米は、アミロペクチンが多く含まれている一方で、東南アジアで食されているインディカ米はその割合が少なく、炊いても粘り気が少なく、ばらつき感があるとされています。アミロペクチンでほぼ占められているお米が餅米です。

生米のでんぷんは「βでんぷん」とよばれる状態で、硬くて水にも溶けにくいのですが、水と一緒に加熱することで「αでんぷん」へと変化（α化）して、適当な粘り気をもつようになります。ご飯を炊くのはβでんぷんをα化することにほかなりません。α化された炊いたご飯はそのままにしておくと冷めて再びβ化しますが、再加熱することでα化させることができます。また、非常食などで用いられているご飯は、α化したまま急速に乾燥させるなどの特殊な処理を施すことによって、β化を起こさないようにしたものです。

ご飯を炊く行為は、「下処理」「加熱」「蒸らし」の3段階からなっています。「下処理」では、お米を研いで、冷水に十分浸します。研ぐのは、米表面の酸化部分を除去するだけで、扱いは丁寧にしてお米が割れないように注意します。また、「加熱」では、最初は急速に加熱して、早めに沸点まで上昇させることが大切です。加

熱に時間がかかるとでんぷんが溶け出してべったりとした仕上がりになります。その後、吹きこぼれる直前に弱火にして、10分ほど米の周囲の水を吸収させます。さらに、火を止めて10分ほど「蒸らす」のがよいとされています。このとき、余熱により余分な水分が抜けてご飯が締まります。炊き上がったらお米をほぐすことによって、お米の表面から余分な水蒸気が抜けて弾力が増すことが知られています。

▼科学の力でおいしいご飯は炊ける。

第**2**章

リビング・
寝室の機械

　　リビングや寝室にある機械の代表格は、テレビとエアコンです。情報を得られるテレビは娯楽も提供し、子供から大人まで楽しめます。近年の気候変動が原因で、極端な暑さ・寒さに襲われることが多くなり、エアコンも各家庭に必須の機械になりました。

　　掃除機は、コンピュータを搭載してロボット化が進んでいます。この章では、さらに照明、時計、電動ベッドについても紹介しています。

テレビのディスプレイ

テレビのディスプレイの歴史

テレビのディスプレイの歴史は、ブラウン管（CRT）から始まりました。ブラウン管テレビは奥行きが深く、テレビが床に占める面積が大きくなっていましたが、技術の進歩とともにプラズマディスプレイ（PDP）、液晶ディスプレイ（LCD）、有機ELディスプレイを備えた薄型テレビが登場しました。PDPは関連企業の撤退で姿を消しましたが、現在はLCDと有機ELディスプレイを中心に「壁掛けテレビ」の実現に向けて研究が進んでいます。

1897年	ドイツのカール・ブラウンがブラウン管（CRT）を発明。
1926年	高柳健次郎が世界で初めてブラウン管上に文字を映し出す。
1953年	日本でアナログテレビ放送が開始。
	早川電機工業（現シャープ）が国産初のCRT白黒テレビを発売。**写真1**
1960年	松下電器産業が国産初のCRTカラーテレビを発売。
1964年	東京オリンピックが開催される。
	アメリカのイリノイ大学でプラズマディスプレイパネル（PDP）を試作。
1968年	アメリカのジョージ・ヘルマイヤーが液晶ディスプレイ（LCD）を製作。
1983年	諏訪精工舎が世界初の2インチLCD商用カラーテレビを製作。
1987年	BSアナログ本放送（NHK-BS1）が開始される。
	NHKが20型PDPカラーテレビを開発。

写真1 国産初の**CRT白黒テレビ**

シャープ「TV3-14T」。画面の大きさは14インチ。大卒公務員の初任給が5400円なのに対し、このテレビは17万5000円という高価なものだった。

写真2 **TFT液晶搭載テレビ**

シャープ「ウィンドウLC-104TV1」。画面は10.4インチで、回転させることにより縦型にすることもできた。

	イーストマン・コダック社が薄膜積層型デバイス発光素子（有機EL）を提案。
1990年	ソニーがCRTハイビジョンテレビを発売。
1995年	シャープがLCDテレビを発売。写真2
1996年	CSデジタル放送が開始される。
1997年	富士通ゼネラルがPDPテレビを発売。写真3
	パイオニアがカーステレオに有機ELディスプレイ（単色）を搭載。
2000年	BSデジタル本放送が開始。110度CSデジタル放送が開始される。
2001年	パナソニックがPDPテレビの量産を開始。
2003年	地上波デジタル放送が開始。
2004年	シャープがLCDフルハイビジョン（2K）テレビを発売。
2007年	ソニーが世界初の有機ELテレビを発売。写真4
2011年	アナログテレビ放送が終了。
2013年	シャープがLCD4K対応テレビを発売。
	パナソニックがPDPテレビ生産からの撤退を発表。
2017年	シャープが世界初のLCD8K対応テレビを発売。
2018年	BS4KおよびBS8K放送が開始される。
2021年	東京オリンピック・パラリンピックが開催される。

写真3 世界初の42インチフルカラーPDPテレビ

富士通ゼネラル「ホームシアターPDW4201」。富士通ゼネラルは、1993年に世界初の21インチプラズマテレビを発売するなど、プラズマテレビの先駆的メーカーだった。

写真4 世界初の有機ELテレビ

ソニー「XEL-1」。有機ELとは、有機化合物を利用した発光ダイオード。有機ELを使ったディスプレイは、1997年にパイオニアが世界で初めて商品化していた。

テレビのディスプレイのしくみ

テレビのディスプレイには、1950年代から広く使われていたブラウン管、2000年代に一時的に流行したプラズマディスプレイのほか、液晶ディスプレイや有機ELディスプレイなど、さまざまな種類があります。時代とともに技術開発が進み、高精細なディスプレイが登場し、ますます「動きのなめらかな写真」に近づいています。

ブラウン管のしくみ

ブラウン管の内部は真空になっています。電子銃から発射された電子ビームが画面に向かって飛び、シャドーマスクを通過し、画面の内側にある蛍光物質に当たることで光を発します。カラーブラウン管の画面では、赤と緑と青のそれぞれに光る蛍光物質が1組に

なって多数並んでいます。ビームの強さを変化させることにより、赤、緑、青それぞれの光る強さを変えることができ、その結果として多くの色を画面上に描くことができます。電子ビームはできるだけ直角に画面に当たることが求められるので、ブラウン管では電子銃から画面内側にはり付けられた蛍光体まである程度の距離が必要となり、20インチ画面の場合は奥行きが40cm

図2-1 ブラウン管が映像を作るしくみ

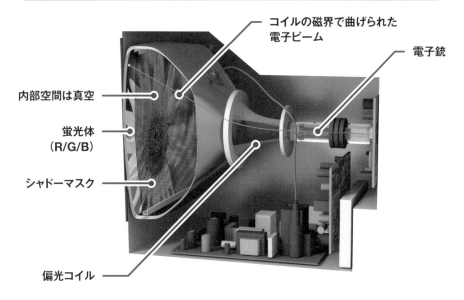

コイルの磁界で曲げられた電子ビーム

電子銃

内部空間は真空

蛍光体（R/G/B）

シャドーマスク

偏光コイル

ほどありました。

テレビで映像を画面に映し出すときは、画面全体に一度に電子ビームを当てるのではなく、コイルの磁界によって電子ビームを曲げることで、横向きの細い線として上から順番に像を映し出しています。これを走査といい、走査による線を走査線といいます。通常のテレビ画面では、525本の走査線によって毎秒30コマの静止画像を映し出すことで、人間の目には動いているようにみえます。

▶PICK UP 光の三原色と色の三原色

カラーテレビは画面上にある赤(Red)、緑(Green)、青(Blue)に光る点の強さを変化させることによって色を作り出しています。この3色は「光の三原色」といって、それぞれの色の名前の頭文字でRGBとよばれます。3色の光の強さと組み合わせによって、さまざまな色彩を表現することができます。色を混ぜるほど明るくなるので、加法混色とよびます。

一方で、印刷ではシアン(Cyan)、マゼンタ(Magenta)、イエロー(Yellow)の3色の組み合わせで色を作り出しています。これを「色の三原色」といいます。反射した光で色を表現するので、見せたくない色を吸収する塗料で色を表現します。例えば、シアンは赤色を吸収、マゼンタは緑色を吸収、イエローは青色を吸収します。この場合は混ぜるほど色は暗くなるので、減法混合とよばれます。なお、この3色に黒(Black)を加えてCMYKとよびます。Kは黒(Kuro)ではなく、印刷版(Key Plate)のKを表しています。

図2-2 光の三原色

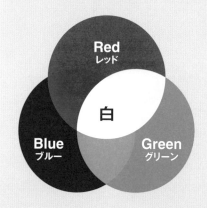

図2-3 色の三原色

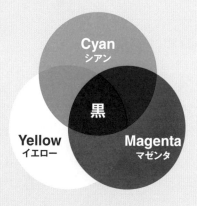

液晶ディスプレイのしくみ

液晶ディスプレイ（LCD）では、まずガラスの配向膜2枚1組を用意します。配向膜とはガラスの表面に一方向にわずかな傷をつけたものです。不思議なことに、液晶の分子が膜上でこの傷の方向に並びます。90°傾けた1組の配向膜の間に10μm（マイクロメートル）ほどのすきまを設けて液晶を封入し、さらに外側に偏光フィルターを組み合わせてバックライトから光を出します。

すると、電圧をかけないときは配向膜の角度にそって液晶の向きが90°回転し、光の方向も回転するので、光が配向膜を通過することができます。ところが電圧をかけると液晶分子が一方向に並び、光の方向も変わらないので、配向膜で光を遮断することができるのです。

液晶画面では、この通過した光をR・G・Bのカラーフィルターが1セットになった画素に通すことで、さまざまな色を表現しています。光を発するバックライトにはLEDが使われています。

図2-4 電圧をかけた状態

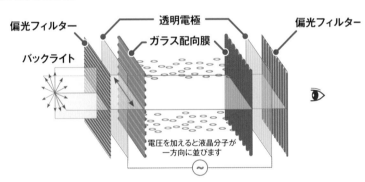

偏光フィルター　透明電極　偏光フィルター
ガラス配向膜
バックライト
電圧を加えると液晶分子が
一方向に並びます

図2-5 電圧をかけない状態

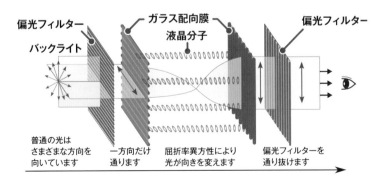

偏光フィルター　ガラス配向膜　偏光フィルター
液晶分子
バックライト
普通の光は
さまざまな方向を
向いています
一方向だけ
通ります
屈折率異方性により
光が向きを変えます
偏光フィルターを
通り抜けます

プラズマディスプレイのしくみ

プラズマディスプレイ(PDP)は、テープ状の薄い電極をはり付けたガラス基板が前面と背面に備えられています。前面ガラス基板には、バス電極と表示電極という2種類の電極がはり付けられています。また、背面ガラス基板には、リブという隔壁がアドレス電極方向に多数並べられ、リブの間に赤・緑・青の蛍光体が隣り合わせに並んでいます。

前面ガラス基板と背面ガラス基板とは、電極が互いに直角に交わるように

接着されています。縦横に交差する電極とリブで囲まれた部分が、ひとつの発光セルです。電極に電圧を加えると、内部の放電ガスが分離してプラズマ状態になり、プラズマから紫外線が発生して発光セルを刺激することで赤・緑・青に発光します。

ブラウン管ディスプレイとは異なり、非常に薄型のテレビを実現することができます。1980年代からNHKが主導して多くの企業の協力を得て国家プロジェクトとして開発に取り組みましたが、十分な輝度を得るのが難しく、企業は開発から撤退しました。

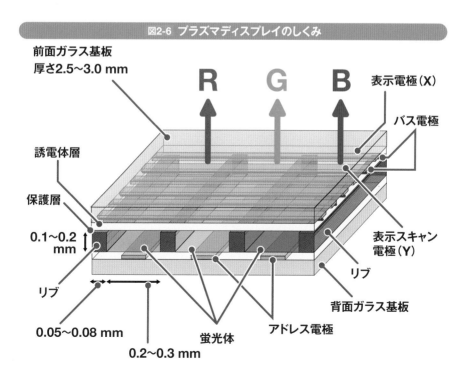

図2-6　プラズマディスプレイのしくみ

前面ガラス基板
厚さ2.5〜3.0 mm

R G B

表示電極(X)

バス電極

誘電体層

保護層

0.1〜0.2 mm

表示スキャン電極(Y)

リブ

背面ガラス基板

リブ

0.05〜0.08 mm

蛍光体

アドレス電極

0.2〜0.3 mm

PICK UP **液晶とは**

液晶とは、液体でありながら結晶構造をもつ特殊な物質で、液体と固体の中間にあるような物質です。液晶を細かくみると多くの分子からなっているのですが、分子がラグビーのボールのような形をしており、その長軸の方向を外部から加えた電場や磁場で変えることができます。

この状態は温度や濃度によって変化しますが、一般的に表示装置に使われている液晶は温度によって変化する性質をもっています。そのために、ある温度（60

~70℃)以上になると表示が消えてしまうことがあります。

図2-7 液晶分子のモデル

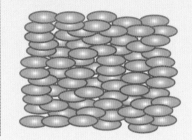

有機ELディスプレイのしくみ

ELはElectro-Luminescence（エレクトロ ルミネッセンス）の省略形で「電界発光」という意味です。電気エネルギーを光エネルギーに変換することで発光し、この変換に特殊な有機材料を使うしくみを有機ELとよんでいます。

電界発光をする電子部品には、発光ダイオード（LED）のほかに、無機物を使う無機EL、有機材料を使う有機ELなどが知られています。このうちLEDと有機ELは注入型ELとよばれ、同じ原理で発光します。そのため、有機ELは海外では有機LED（OLED）とよぶこ

ともあります。

有機ELは、発光層を電子輸送層と正孔輸送層で挟んだ構造になっています。これらの3層をさらに電極で挟んで電圧を加えると、発光層が光を発します。発光層は、特定の有機材料を加えることで赤・緑・青のいずれの発光もできるようになっていて、3色の組み合わせで1ドットを表現します。

発光層や電子輸送層、正孔輸送層は、加える電圧が10V程度であり、厚さも極めて薄く、3層の合計で100nm（ナノメートル）（=0.1μm）にすぎません。また、液晶のようにバックライトを必要としないので、ディスプレイそのものを薄くできるとされています。

図2-8 有機ELディスプレイのしくみ

電子輸送層と正孔輸送層の間に電圧をかけると、電子輸送層の電子と正孔輸送層の正孔（電子が抜け落ちている穴）が発光層に移動して結合する。このときに出るエネルギーによって発光層が光を発する。

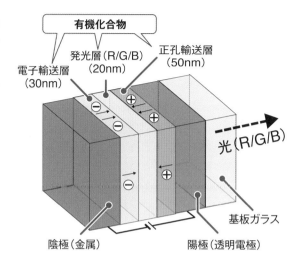

有機化合物

電子輸送層（30nm）　発光層（R/G/B）（20nm）　正孔輸送層（50nm）

光（R/G/B）

基板ガラス

陰極（金属）　陽極（透明電極）

4Kテレビ、8Kテレビ

現在使われているテレビ画面は、一般的に画素とよばれる光の点の集合体で画像を表示しています。この画素が、画面上にいくつあるかを示す数値を画素数といいます。2011年に終了したアナログテレビ放送の際のテレビの解像度は720×480画素でした。テレビ放送の画面の解像度は、アナログ放送（SD放送）→地上デジタル放送（HD放送）→フルハイビジョン放送（2K放送）→4K放送→8K放送と増えてきました。ちなみに4Kや8KのKは1000（キロ）を表していて、横方向に並べている画素数を示しています。

4Kおよび8Kは、UHDTV（Ultra High

Definition Television／超高精細度テレビジョン）と国際規格で定められています。なお、UHDTV化に伴って表現できる色彩の幅も広くなり、また同時に臨場感にあふれた音声情報が使われています。そのために情報量が増え、さらに高い圧縮技術が使われています（→160ページ：テレビ放送）。

図2-9 画素数による解像度の違い（画素の大きさが同じと考えた場合）

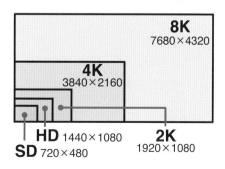

8K 7680×4320

4K 3840×2160

HD 1440×1080

SD 720×480

2K 1920×1080

エアコン

エアコンの歴史

エアコンは正式名称をエア・コンディショナーといい、「空気調整機（空調機）」ともよばれます。昔は室温を下げる単一機能だけで、冷房装置やクーラーなどとよばれていましたが、時代が進むにつれて暖房も除湿もできるようになりました。現在は、マイコン（→120ページ：家電のマイコン制御）と組み合わせて温度も湿度も管理・調節できる、生活に欠かすことのできない機器となっています。

1902年	アメリカのウィルス・キャリアが、噴霧式の電気式エア・コンディショナーを発明。
1906年	アメリカで「エア・コンディショニング」という言葉を特許で使用。
1930年	アメリカでフロンガスを冷媒としたエアコンが開発。
1935年	東京電気（現東芝）がアメリカのGE製のルームクーラーを輸入販売。芝浦製作所（現東芝）が「芝浦ルームクーラー」を発売。
1951年	大阪金属工業（現ダイキン工業）が一体型エアコンを発売。 写真1
1952年	日立製作所がウインド型エアコン「EW-50」を発売。
1953年	東京芝浦電気（現東芝）が「ルームクーラーRAC-101」を発売。 写真2
1954年	三菱電機が小型エアコン「ウィンデヤ」を発売。
1958年	日本で冷房機を「ルームクーラー」で統一。

写真1 日本初の一体型エアコン

ひとつのボタンで操作できるパッケージ型（一体型）エアコン「ミフジレーターエヤコン」が発売された。

写真2 国産初の家庭用クーラー

窓に据え付けるウインド型とよばれるタイプだった。出力は1馬力（2.8kW）だった。

1959年	日本で室内機と室外機が分かれたセパレート型のクーラーが発売。
1961年	日立製作所がヒートポンプ式の冷暖房が可能なエアコン「RW-600H」を発売。 東京芝浦電気が家庭用のセパレート型エアコン「CLU-71」を発売。 写真3
1964年	八欧電機(現富士通ゼネラル)がウインド型クーラー「AL-841C」を発売。
1965年	JIS規格により「ルームクーラー」が「ルームエアコン」に名称変更。
1967年	三菱電機が壁掛け用セパレート型エアコン「霧ヶ峰」を発売。 写真4
1978年	日立製作所がマイコン制御のエアコンを発売。 写真5
1981年	インバータ(周波数変換装置)を用いたエアコンが発売。
	東芝が電気集じん機を搭載したエアコン「RAS-185YKC」を発売。
2002年	東芝が内部を自動的に清掃するエアコン「RAS-285UDR」を発売。
2003年	富士通ゼネラルがフィルター自動清掃機能をもつエアコン「ノクリア」を発売。
2014年	三菱電機が手足の温度を測って冷暖房をおこなう機能を搭載した「霧ヶ峰」を発売。
2019年	富士通ゼネラルが無線LANを搭載したエアコンを発売。

写真3
世界初の家庭用セパレート型エアコン

これまでは室内機と室外機がひとつになった一体型だったが、このモデル以降、セパレート型が主流となった。

写真4
壁掛け用セパレート型エアコンの登場

横長の筒状ファンである「ラインフローファン」を採用した。以降、このタイプがエアコンの標準となった。

写真5 **マイコン制御のエアコン**

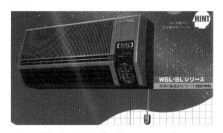

温度、風量、時間などをプログラムによって管理することが可能となった。一晩中、室内の温度などを自動でコントロールする「おやすみ回路」が人気を集めた。

エアコンのしくみ

エアコンの多くの機種では、室内機と室外機が分かれていて、室内と外気の熱を交換することで室温を制御しています。これらの室内機と室外機は2本の太いパイプでつながれていて、冷媒という特殊な物質がパイプの中を循環して熱の交換をおこなっています。冷房のときは室内に冷たい空気を送り、暖房のときは暖かい空気を送るしくみになっています。

熱を移動させる
ヒートポンプ

ヒートポンプとは、水をポンプでくみ上げるのと同じように、熱を集めて移動させる技術です。エアコンの内部では、2つの熱交換器が圧縮機と減圧機を介して管でつながった構造になっています。この管の中を、特殊な物質（冷媒）を圧縮・膨張を繰り返して循環させることで、ボイル・シャルルの法則に従って熱を移動させています。

PICK UP　ボイル・シャルルの法則

気体の温度と圧力と体積には一定の関係があることが知られています。1662年にイギリスのボイルが、「温度を一定にした場合、気体の圧力と体積は反比例の関係にある」ことを見つけました。これがボイルの法則です。また、1787年に

はフランスのシャルルが、「圧力を一定にした場合、気体の温度と体積が比例関係にある」ことを発見し、これがシャルルの法則とよばれています。

これらを合わせたのが「ボイル・シャルルの法則」です。

冷房、暖房のしくみ

冷房のときは、まず室外機で膨張させて温度を下げた冷媒を、室内機の熱交換器に通すことで部屋の温度を下げます。また、部屋の熱を吸収した冷媒は室外機で圧縮されて、温度を上げた状態で室外機の熱交換器に送られて、熱を外に逃がします。

一方、暖房は逆の過程をたどります。まず、膨張させて温度を下げた冷媒を室外機の熱交換器に通して、外の熱を集めて冷媒にのせます。ついで、外の熱を取り入れた冷媒を圧縮して、さらに温度を上げた状態で室内機の熱交換器に通して、熱を部屋に放出します。

図2-10 冷房のしくみ

① 室内の熱交換器で、部屋の熱を集めて冷媒にのせる。

② 熱をのせた冷媒は、室外機で圧縮機により圧力をかけられて高温になる。

③ 高温になった冷媒は、室外機の熱交換器で熱を放出する。

④ 熱が放出された冷媒は、減圧機を通過して低温になる。

⑤ 低温になった冷媒は室内機に送られて熱交換器を通過し、冷たい空気を吹き出す。

⑥ ①〜⑤を繰り返す。

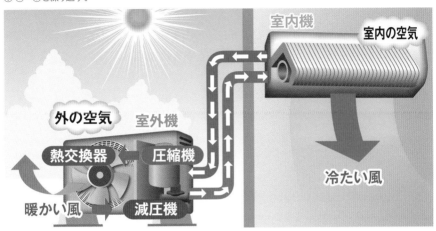

図2-11 暖房のしくみ

① 室外機の熱交換器で、外の空気の熱を集めて冷媒にのせる。

② 熱をのせた冷媒を、圧縮機で圧力をかけて高温にする。

③ 高温になった冷媒は室内機に送られて、熱交換器を通過して暖かい風を吹き出す。

④ 熱が放出された冷媒は室外機に送られ、減圧機で低温になる。

⑤ 低温になった冷媒は、室外機の熱交換器で外の空気の熱を集める。

⑥ ①〜⑤を繰り返す。

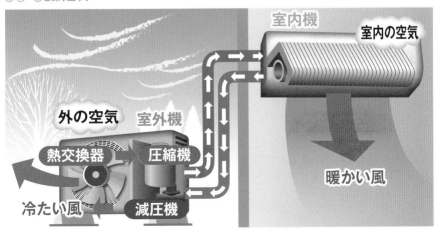

自分で掃除するしくみ

エアコンの室内機は部屋の空気を循環させるので、空気の吸込口と吹出口をもっています。部屋に漂うほこりは、その空気循環の途中で室内機に設置されたフィルターを通ることになり、時間が経つとフィルターがほこりで目詰まりを起こして空気が流れにくくなります。そこで、エアコンの効率を維持するためには定期的なフィルターの掃除が不可欠です。

エアコンみずからフィルターの掃除をおこなう機能をもつ機種が2003年に登場し、最近の多くの機種ではこの機能が標準的に装備されています。フィルター掃除専用のブラシが備えられていて、ブラシがフィルターの上を動いたり、回転するブラシにフィルターをこすりつけたりすることで、ほこりをかき出すしくみになっています。ただし、フィルターの目詰まりをある程度解消できる程度の掃除に限られますので、人手により定期的に掃除をして、フィルターの清潔さを保つことが大切です。

図2-12 フィルターをきれいに保つしくみ

フィルターが動いてブラシでほこりをかき出す方法

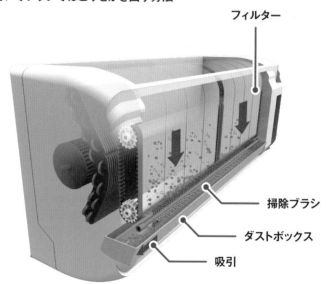

フィルター

掃除ブラシ

ダストボックス

吸引

省電力のしくみ

現在、販売されているエアコンは、インバータ（→14ページ：冷蔵庫）でモーターを効率的に動かし、ヒートポンプ技術を利用して冷暖房することによって消費電力を極力少なくしています。また、フィルターの自動清掃をおこなって目詰まりを防止する機能を搭載することで10年前、20年前に販売されたエアコンよりも格段に冷暖房の効率が上がっています。

最近は、さらに効率よく運転するために、それらの機能に加え、高機能センサーやAI（人工知能）技術により体感温度など人の状態を見極めて運転する機能を備えた製品もあります。また、カメラや人感センサーで人の位置を感知して、必要なエリアだけ冷暖房する機能を搭載している製品も販売されています。

図2-13 省電力エアコンの機能の一例

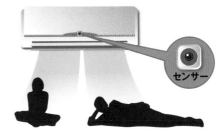

センサー

カメラなどのセンサーで人の位置を把握し、人がいる場所を集中的に温度管理する。AI（人工知能）により学習し、効率的な運転をおこなう。

PICK UP オゾン層を破壊する冷媒「フロン」

かつては、冷媒としてアンモニアが使われていましたが、アンモニアは扱いが難しい物質でした。そこで、1928年にアメリカのトーマス・ミッジリーが「フロン」という物質を開発すると、このフロンが冷蔵庫をはじめとする多くの冷凍空調機器に使用されるようになりました。

フロンは自然界には存在せず、安定的な分解されにくい人体に無害な物質です。ところが1974年、フロンが成層圏のオゾンを破壊するという論文が科学誌「ネイチャー」で発表され、さらに1984年になって南極上空にオゾン層が破壊されたときにできる孔（オゾンホール）が発見されました。

オゾンは、酸素原子が3つ結合した気体で、地上から10〜50km上空で層をなし、太陽からの有害な紫外線を吸収して地上の生態系を保護する役割を果たしています。そこで、現在はオゾン層を守るために、世界中でフロンに代わる物質（代替フロン）の利用が拡大しています。

掃除機

掃除機の歴史

かつて、畳と板の間が多い日本の家屋では掃除の文化として、箒（ほうき）を使ってごみやほこりを掃き出すのが一般的でした。そのため、海外で最初に開発された掃除機が日本で本格的に普及するまでには長い時間がかかりました。掃除機が広く使われるようになったのは、1950年代に公団住宅が建設され、洋間に絨毯（じゅうたん）を敷くという生活様式が広まって以降のことです。その後、さまざまな形式の掃除機が開発され、最近ではロボット掃除機にも多くの種類が登場しています。

1907年	アメリカの発明家ジェームズ・スパングラーが電気掃除機を開発。
1908年	アメリカのフーバー社が電気掃除機を発売。 写真1
1918年	スウェーデンのエレクトロラックス社が円筒状の電気掃除機を発売。
1931年	芝浦製作所（現東芝）が国産初の縦型の電気掃除機「VC-A」を発売。 写真2
1960年代	キャニスター型（横型）掃除機が発売。 写真3
1980年	日立製作所が紙パック式キャニスター型掃除機CV-8500を発売。
1986年	ジェームズ・ダイソンが開発した独自のサイクロン技術を搭載した世界初のサイクロン掃除機が日本で発売。 写真4
2002年	アイロボット社がロボット掃除機「ルンバ」を発売。 写真5
2004年	ダイソン社がサイクロン式キャニスター型掃除機を発売。

写真1 **フーバー社の電気掃除機**

回転ブラシの特許を買い取ったフーバーは、1908年に自分の会社（現在のフーバー社）から電気掃除機を発売した。この掃除機は、「真空掃除機」とよばれた。

写真2 国産初の縦型の電気掃除機

1931年、芝浦製作所が国産で初のアップライト型（縦型）電気掃除機「VC-A」を発売した。価格は、小学校教員の初任給約2カ月分に当たる110円という高級品だった。

写真3 キャニスター型（横型）掃除機の登場

1965年、ナショナル（現パナソニック）から発売された「MC-1000C」。プラスチック主体のスマートな形状が人気を呼び、累計63万台の売り上げを記録した。

写真4
サイクロン式掃除機1号機「G-Force」

吸い込んだ空気を回転させることでごみと空気を分離するサイクロン式掃除機が、日本で発売された。

写真5 ロボット掃除機

アイロボット社のロボット掃除機の初号機「ルンバオリジナル」。その後、他社からも続々と発売されるロボット掃除機の先駆けとなった。

掃除機の種類としくみ

掃除機は開発されてから100年ほどですが、多くの種類としくみがあります。横型、縦型、平形などの外形でも分類できますし、ごみの集め方による分類もできます。いずれの分類にせよ、掃除機の扱いやすさ、ごみを吸引する力の強さと持続性、さらには集めたごみを捨てる手軽さが掃除機にとって大切な要素です。

外形による掃除機の分類

掃除機は、外形によっていくつかの種類に分類できます。キャニスター型は、昔から使われてきたタイプです。キャニスターとは、本来は「蓋付きの保存容器」を意味しているので、蓋付きの容器を横向きにして車輪をつければ名前については納得できます。スティック型は1990年前後から流行し、吸引力はそれほど大きくないのですが、片手で操作できるので、気軽に掃除できるのが特徴です。アップライト型は、主に欧米で利用されているタイプです。モーターが下部に配置されているので重心が下にあり、吸引力強化のために

モーター重量は大きくても比較的楽に動かせます。ホースがなく吸引口とモーターが直結していて、カーペット掃除に向いているといわれます。円盤型、三角型、四角型などは、ロボット掃除機で採用されています。

図2-14 日本市場での掃除機のタイプ別売り上げ台数

日本では、掃除機は全体で年間800万台前後が販売されている。かつてはキャニスター型の人気が高かったが、2021年になるとキャニスター型よりスティック型の販売実績が上回っている。

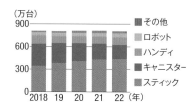

出典:全国の家電・IT製品取扱店約1万店(量販店、専門店等)の販売実績に基づく国内市場規模データ/GfKジャパン調べ

表2-1 掃除機の主な形

キャニスター型（横型）	スティック型	アップライト型（縦型）	円盤型・三角型・四角型
横置き型 本体に車輪がつく	片手でもって掃除 軽くて扱いやすい	モーターが下部 ホースがない	ロボット掃除機

ごみの集め方による分類

　掃除機はごみの集め方によっても分類することができます。1970年代までの電気掃除機は真空掃除機とよばれ、吸い取ったごみは掃除機本体前部にあるフィルターを兼ねた布製の袋に集められていました。そのため、ごみを廃棄するときは、ほこりだらけになりながら屋外で処理することになっていました。これはごみ処理をする際に利用者の負担となっていたので、1970年代後期にはごみだけが集められて廃棄するタイプも開発されました。その後、紙パック式が登場し、ごみはほとんど手を汚さずに処理することが可能になりました。

　サイクロン式は1980年台半ばから流行し、日本でも1990年代に発売されると、その手軽さが受け入れられて人気になりました。現在ではサイクロン式は紙パック式と並んで大きなシェアを占めています。サイクロン式は、主にスティック型に使われていますが、キャニスター型のモデルもあります。

　現在、真空掃除機という名称は、強力な吸引力をもつ業務用掃除機に使われています。病院や工場で小さなごみや粉塵まで掃除するために、特殊なHEPAフィルターとともに利用されています。

表2-2 掃除機の主なごみの集め方

紙パック式	サイクロン式	HEPAフィルター式真空掃除機
主に一般家庭用 ごみは紙パックに集められる 紙パックはごみと一緒に廃棄 紙パックは消耗品 （→64ページ）	**主に一般家庭用** ごみはサイクロン機構で分離して 廃棄処理 （→65ページ）	**HEPAフィルター** 業務用で0.3ミクロンの粒子を 99.9%カット。

紙パック式掃除機のしくみ

紙パック式掃除機では、床ブラシからごみと一緒に吸い込まれた空気が、ホースを通って本体に入ります。そして、空気は紙パックおよびフィルターを通り抜けて排気口から吐き出され、ごみは紙パックに集められます。空気の流れは、基本的にはモーターに取り付けられたファンを回して作られます。1980年代にはモーターを大型化して吸引力を高め、吸込仕事率の大きさを掃除機の性能の代名詞とする販売競争がおこなわれました。

図2-15 紙パック式掃除機のしくみ

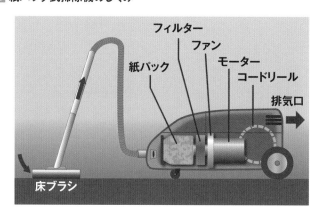

フィルター
ファン
紙パック
モーター
コードリール
排気口
床ブラシ

図2-16 サイクロン式掃除機のしくみ

きれいな空気
のみ排出

吸込口から
ごみを吸引

高速のサイクロン
気流が発生

透明ダストカップ

カップにごみがたまる

サイクロン式掃除機のしくみ

サイクロンとは、本来は粉塵の分離に使われた技術です。床ブラシから空気とともに吸い込まれたごみは、ホースを通って上部から円筒部分に入り込みます。空気は円筒部分で旋回状の流れを作り、ごみは円筒内面に遠心力で押し付けられると同時に重力の作用で円筒部下にたまります。空気はその後、円筒上部から回収され、フィルターを通って排気されます。紙パック式と同じく、モーターでファンを回すことで空気の流れを生み出しています。

ごみの分離が十分でない場合が多いので、各社とも工夫して、ごみの分離工程を二重にして大きなごみだけでなく細かいごみも分離できるようにしています。紙パックのような消耗品は必要なく、カップの下にたまったごみを捨てれば終了です。

▶PICK UP 吸込仕事率について

1980年代、掃除機は吸い込みの強さで販売を競い合いました。吸い込みの強さは「吸込仕事率(単位:ワット)」で表され、例えば400Wとか650Wなどと表記されました。吸込仕事率は日本電機工業会が定める規格で定義されていて、決められた測定方法の下で、下記の式で計算されます。

吸込仕事率＝0.01666×風量(m³/分)×真空度(パスカル)

掃除機のモーターの能力が大きいほど、吸込仕事率は大きくなりますが、大きいとモーターが重くなりますので掃除機が扱いにくくなります。この値で吸込口からの吸引力の比較はできますが、ごみを吸い込む能力とは別です。実際はフィルターの目詰まりや紙パックにあるごみの量によっても吸い込む能力は異なりますし、また掃除機の先端についているパワーブラシの性能によっても異なります。

ごみを吸い込む能力は「ダストピックアップ率」で決まります。この能力の測定方法は国際電気標準会議で定められていて、日本産業規格でも「じんあい除去能力」として規定されています。メーカーには、これらを商品に表示することが求められています。

図2-17 吸込仕事率

吸引力:小
重　量:小
→
扱いやすい

吸引力:大
重　量:大
→
扱いにくい

小 ◀|||| 吸込仕事率 ||||▶ 大

ロボット掃除機のしくみ

ロボット掃除機は、最初に世に出た製品が直径30cm、高さ8cmほどの円盤型だったので、それに続く多くの製品は同じような形をしています。底面には掃除機を移動させるための車輪がついています。

吸引は通常の掃除機と同じで、モーターでファンを回して空気の流れを作っています。ファンの前面部にあるごみ用のフィルターで漉して箱にごみを集め、箱が一杯になったら人間がごみを廃棄します。廃棄方法という点で

は、昔の真空掃除機と同じです。ロボット掃除機の性能を決める要素は、取り付けられたブラシの数、側面や底面にある各種センサーの数、さらには掃除する道筋を決めるアルゴリズムです。

図2-18 ロボット掃除機の掃除手順

0 人がスタートボタンを押す

1 部屋の床をくまなく動き回り

2 隅にあるごみをサイドブラシでかき出し

3 底面のブラシでごみをかき取り

4 吸引してごみを集める

5 ごみがたまったら人が廃棄

図2-19 ロボット掃除機（表）

- パイロットランプ
- スタートボタン
- バンパー

図2-20 ロボット掃除機（裏）

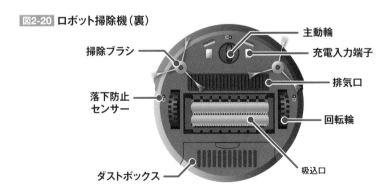

- 掃除ブラシ
- 主動輪
- 充電入力端子
- 排気口
- 落下防止センサー
- 回転輪
- ダストボックス
- 吸込口

ロボット掃除機の動き方

ロボット掃除機は、組み込まれたプログラムのアルゴリズムに従って動いています。日本で最初に注目されたロボット掃除機の「ルンバ」は、いくつかの単純な規則を組み合わせて動いていました。以来、世界中で多くの異なるアルゴリズムが開発されてきました。最近は、掃除機の上に搭載されたカメラを使い、掃除しながら部屋の地図を作成する製品のほか、人工知能で効率的な掃除を学習する機能をもつ製品なども発売されています。

日本人は「効率的な」動きを求めることが多いと思いますが、ロボット掃除機は搭載モーターが小型で吸引力が比較的弱いので、同じところを何度も繰り返し掃除しても、きれいに掃除するという意味では推奨されるかもしれません。

図2-21 ロボット掃除機の動き方の例

さまざまな動きのパターンがあり、パターンを切り替えることができるモデルや、自動的にこれらの動きを組み合わせて動くモデルなどもある。

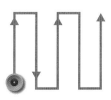

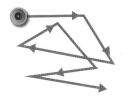

ジグザグの動き　　　らせん状の動き　　　ランダムな動き

PICK UP　水拭きができるロボット掃除機

日本では昔から「雑巾がけ」も掃除のひとつだったので、ごみの吸引だけでは床を歩いたときに「ざらつき具合」が気になるという意見がありました。そこで最近は、水拭きができるロボット掃除機も販売されています。水拭きの方法は、水分をまきながら吸水性ローラーもしくはモップで床を拭くというものです。使い捨てのローラーもありますし、手で洗っては繰り返し使えるものもあります。

図2-22 水拭き機能をもつ機種

照明

照明の歴史

生活の中で灯りを利用することは、古くからおこなわれてきました。日本では、ろうそくやランプを使って火の灯りを利用することに始まり、明治時代には街中にガス灯がともり、やがて白熱電球が使われるようになりました。70年以上前に登場した蛍光灯は、消費電力が少なく長持ちすることから急速に広まり、技術革新を繰り返しながら使われてきました。近年はエネルギー節約の観点から、さらに消費電力の少ないLEDに置き換わりつつあります。

730年頃（奈良時代）	仏教とともに「蜜ろうそく」が唐より伝わる。
1375年頃（室町時代）	「はぜ」や「うるし」を使用する和ろうそくが誕生。
1603年頃（江戸時代）	和ろうそくの製造が盛んにおこなわれる。 写真1
1802年	イギリスのハンフリー・デービーがアーク放電を発見。
1860年頃	イギリスのジョセフ・スワンが白熱電球の発光に成功。
1872年	高島嘉右衛門の尽力により横浜・馬車道にガス灯がともる。 写真2
1879年	東京虎ノ門の工部大学校で日本初のアーク灯がともる。
	エジソンが京都産の竹による白熱電球を開発。
1891年	オーストリアのカール・ウェルスバッハが白熱ガス灯を発明。
1901年	アメリカのピーター・ヒューイットが水銀灯を発明。
1908年	アメリカのGEのウィリアム・クーリッジがタングステン電球を発明。

写真1 和ろうそくと燭台

「はぜの実」からつくられる和ろうそくは、炎が大きく消えにくいという特長がある。

写真2 横浜・馬車道のガス灯（復元）

高島嘉右衛門が設立した横浜瓦斯会社により、横浜の馬車道から本町通りにかけてガス灯が設置された。

1913年	GEのアイリン・ラングミュアーがガス入り電球を発明。
1921年	芝浦製作所（現東芝）の三浦順一が二重コイル電球を発明。
1938年	GEが蛍光灯を発売。
1941年	東京芝浦電気（現東芝）が直管形蛍光灯を発売。
1954年	東京芝浦電気（現東芝）が環形蛍光灯「FCL 32W」を発売。 写真3
1962年	GEのニック・ホロニアックが赤色LEDを開発。
1972年	アメリカのジョージ・クラフォードが黄緑色LEDを開発。
1978年	東京芝浦電気（現東芝）が電球形蛍光ランプ「シンプルライト」を発売。
1989年	赤崎勇と天野浩が青色LEDを開発。この業績で2014年にノーベル物理学賞を受賞。 写真4
1991年	高周波点灯形（FHF）の直管形蛍光灯が発売される（100lm/W）。
1993年	中村修二が高輝度青色LEDの量産技術を開発。この発明で2014年にノーベル物理学賞を受賞。
1996年	高周波点灯形（FHC）の環形蛍光灯が発売される。
1998年	東芝が電球形蛍光ランプ「ネオボールZ」を発売。 写真5
2007年	高周波点灯形（FHSC）の平面二重螺旋形蛍光灯が発売される。
2019年	日本政府のエネルギー基本計画により照明のLED化が進められる。

写真3 **環形蛍光灯**

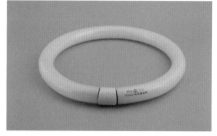

直管型に比べて四角い室内をまんべんなく照らすことができる。

写真4 **青色LED**

青色LEDの発明によって光の三原色のLEDが揃い、すべての色をLEDで表現できるようになった。

写真5 **電球形蛍光ランプ「ネオボールZ」「NP-33S1」**

蛍光ランプを電球ソケットで利用することが可能になった。

さまざまな照明のしくみ

現代の照明は、いかに効率よく電気的エネルギーを光に変換するか、技術開発を繰り返して手に入れた技術です。フィラメントを高い温度まで発熱させて、熱を利用して発光させる技術に始まり、放電により紫外線を発生させて蛍光体から可視光を作り出す技術、さらには、電気的エネルギーを直接光に変換する技術の開発に至りました。

 ## 白熱電球のしくみ

白熱電球は、ガラス球と口がねのほか、タングステンという金属からできているフィラメントなどで構成されています。フィラメントは電流を流すことで電気抵抗により2000℃近くまで発熱し、その熱で発光します。ガラス球の中はアルゴンや窒素などの不活性ガスで満たされていて、フィラメント

の酸化や蒸発を抑えてできるだけ長い寿命を保つ工夫がなされています。アルゴンガスに比べて熱を伝えにくく、熱損失を抑えることができるクリプトンガスを封入した電球もあります。

白熱電球は、電気エネルギーを熱に一旦変換し、そこから光を取り出すために、蛍光灯やLEDに比べて多くの電力を使います。また、寿命が短いという欠点もあります。

図2-23 白熱電球の構造

- 不活性ガス
- フィラメント
- 導入線
- ガラス球
- 口がね

図2-24 クリプトン球

アルゴンガスを封入している白熱電球に比べてフィラメントの寿命が長く、コンパクトにできるという特長がある。

蛍光灯のしくみ

蛍光管には、アルゴンなどの不活性ガスと微量の水銀が封入されており、管の内側全面に蛍光体が塗られています。管の両端にはコイル状のタングステンフィラメントに電子放出物質を塗った電極があります。電極から電子が放出されると、水銀蒸気中の放電によって紫外線が発生し、これが蛍光体に当たることで可視光が発生するしくみになっています。

安定した放電を維持するためには、電流を制限する点灯回路が必要で、これを安定器とよんでいます。点灯回路は電子放出を容易にするための電極を余熱する機能と、放電に必要な電圧を生み出す機能も備えています。最近は電極の余熱と同時に点灯するラピッドスタート式という蛍光灯も増えています。

さらに近年は高周波点灯専用（Hf）形蛍光灯が使われるようになりました。Hf形ではインバータを含んだ電子式安定器を導入して、蛍光ランプを数十kHzの高周波で点灯することで発光効率を上げ、従来は課題とされていた「ちらつき」も感じなくなりました。

図2-25 蛍光灯が光るしくみ

①フィラメントから電子が放出される。　②電子により、水銀原子から紫外線が発生する。　③紫外線により、蛍光体から可視光が出る。

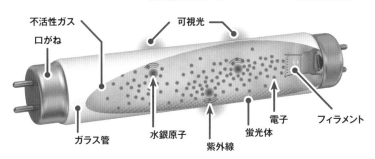

不活性ガス　口がね　可視光　ガラス管　水銀原子　紫外線　蛍光体　電子　フィラメント

図2-26 いろいろな蛍光灯

直管形蛍光灯　　　　　環形蛍光灯　　　　電球形蛍光灯

⚙ LEDが光るしくみ

LEDは、電子の抜けた穴である正孔
（＋）を多くもつP型半導体と、電子（－）
がたくさん余っているN型半導体を
接合させた構造になっており、電気を
流すと発光します。このLEDに電圧を
加えると、正孔はN型半導体の方向へ、
電子はP型半導体の方向へ移動して、
これらが接合部で結合します。すると
お互いが持っていた余分なエネルギー
が放出されて発光します。LEDは、電
気的エネルギーを一旦熱に変換してか
ら光にする白熱電球や蛍光灯と異なり、
電気的エネルギーを直接光に変換する
ために効率がよく、消費電力が少なく
て済みます。

LEDは、半導体を構成する化合物に
よって色が変わります。化合物として
はガリウム、窒素、インジウム、アルミ
ニウム、リンなどが知られていて、放
出する光の波長が450nm付近が青、
520nm付近が緑、660nm付近が赤色
になります。青と緑と赤は「光の三原
色」ですので、これら3つのLEDを同
じ強さで重ねると白色光をつくること
ができますし、この3つの光に強弱を
もたせるとあらゆる色の光を表現する
こともできます。

図2-27 LEDが光るしくみ

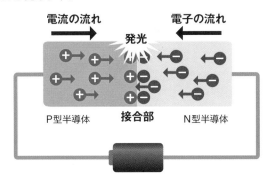

図2-28 白色LEDが光るしくみ

白色LEDには、青色LEDと黄色蛍光体
を組み合わせたタイプや、三原色で白
色光を作るタイプがある。三原色を組
み合わせるタイプは、フルカラーLED
画面などに使われている。

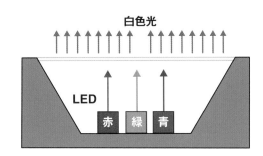

照明の明るさを表す単位

　照明で使われる代表的用語に「光束（単位：ルーメン、lm）」「光度（単位：カンデラ、cd）」「照度（単位：ルクス、lx）」などがあります。光束とは、照明から放射される光の量、つまり照明そのものの明るさを表す単位です。一方、光度はある方向への光の強さを表す単位で、主に照らす方向が決まっている自動車のヘッドライトや灯台の光の強さを表すときに使われます。これらに対して、照度は照らしている場所の明るさを示す単位です。光源の明るさを表す光束や光度と異なり、照度は光源からの距離が遠くなるほど、数値が小さくなります。

図2-29 明るさを表す3つの単位

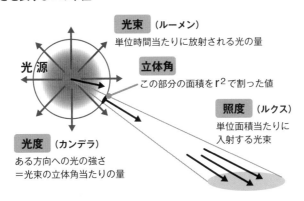

光束（ルーメン）
単位時間当たりに放射される光の量

光源

立体角
この部分の面積を r^2 で割った値

照度（ルクス）
単位面積当たりに入射する光束

光度（カンデラ）
ある方向への光の強さ
＝光束の立体角当たりの量

▶PICK UP　さまざまな照明の比較

　明るさがほぼ同じ条件（810lm）で、消費電力、電気代、寿命のそれぞれを白熱電球と蛍光灯、LEDで比較してみました。

表2-3 白熱電球、蛍光灯、LEDの比較

	白熱電球	蛍光灯	LED
消費電力	54W	12W	9W
電気代（1年当たり）	4,257円	946円	710円
寿命	1,000時間	6,000～10,000時間	40,000時間
購入価格	100～200円	500～1,200円	300～3,000円

※電気代は料金単価27円/kWhとして試算。

時計

時計の歴史

時計の歴史は、日時計に始まりましたが、13世紀には機械式時計が作られるようになりました。さらに17世紀には、ぜんまいを利用した小型の機械式時計も登場しました。この頃から、時計の付加価値を高めるためにオルゴールや自動人形（からくり人形）を備えた時計も製作されました。18世紀のイギリスの産業革命を支えたのは、物理学と機械工学に精通した時計技術者だともいわれています。その後、クオーツ時計や電波時計なども製造され、さらに正確に時を刻むようになりました。

紀元前 5000年頃	エジプトで日時計が使われる。
紀元前 1500年頃	エジプトで水時計が実用化。
671年	中大兄皇子が水時計の「漏刻」で時を計る。
8世紀	中国で機械式時計が発明。
13世紀以降	ヨーロッパ各地で機械式時計の時計塔が造られ始める。
1600年前後	津田助左衛門が和時計を製作。
1611年	スペインから徳川家康にぜんまい式置き時計が贈られる。 写真1
1656年	オランダのホイヘンスが振り子時計を製作。
1851年	田中久重が万年自鳴鐘を製作。 写真2
1873年	日本がグレゴリオ暦を採用する。
1881年	服部時計店（現セイコー）が開業。
1884年	「グリニッジ・タイムを世界標準時として、世界を1時間ごとの時差をもつ24の時間帯に分けること」が正式に採用される。

写真1 国内に現存する最古の西洋式ぜんまい式時計

1581年にハンス・デ・エバロが作製したもので、家康が亡くなった後に久能山東照宮（静岡市）に納められた。国の重要文化財に指定されている。

写真2 田中久重の和時計（復元）

ぜんまいで動き、鐘を鳴らす。干支、24節季、月の満ち欠けも表示する。久重は、のちの芝浦製作所（今の東芝）の創業者。

1888年	日本標準時が公布される。
1892年	服部金太郎が、時計工場として精工舎を設立する。
1927年	アメリカでウォーレン・マリソンが水晶を使ったクオーツ時計を開発。
1949年	アメリカのライアンズがアンモニア原子時計を開発。
1963年	日本でラジオ電波を利用した世界初の電波修正時計を発売。
1968年	服部時計店が世界初のクオーツ式掛け時計を発売。 写真3
1969年	服部時計店が世界初のアナログクオーツ式腕時計を発売。
1973年	服部時計店が世界初の液晶デジタルクオーツ式腕時計を発売。
1976年	シチズンが世界初の太陽電池発電式アナログクオーツ腕時計を発売。
1984年	東京の有楽町マリオンにからくり時計が設置される。 写真4
1990年	ドイツのユンハンスが世界で初めて標準電波を利用した電波腕時計を発売。 写真5
1993年	シチズンが世界初の多局受信型電波腕時計を発売。
1999年	福島県の標準電波送信所が正式運用を開始。
2001年	佐賀県の標準電波送信所が開設。全国がカバーされる。
2011年	シチズンが人工衛星からの信号により時刻修正をおこなう腕時計を発売。 写真6
2012年	セイコーが世界初のGPSソーラーウォッチを発売。

写真3 世界初のクオーツ式掛け時計

真空管の中に入れた水晶振動子（→78ページ）を利用している。乾電池1個で1年以上稼働し、1日当たりの誤差は1秒以下だった。

写真4 有楽町マリオンのからくり時計

有楽町マリオンとは、東京・銀座のほど近くにある複合商業施設。1時間ごとに時計面が上がり、「7人のこびと」が楽器を奏でる。マリオン・クロックの名で親しまれている。

写真5 世界初の電波腕時計

標準電波の送信所から送信される電波を受信し、自動的に時刻を修正する機能を、世界で初めて搭載した。

写真6 光発電衛星電波時計「Eco-Drive SATELLITE WAVE」

世界初となる人工衛星から時刻信号を受信する、新しい発想のシステムを搭載した腕時計。

時計のしくみ

昔からある機械式時計は、おもりやぜんまいなどを利用していて時刻に狂いが生じるため、定期的に時刻合わせやぜんまい巻きなどをする必要がありました。それらに対して、最近のクオーツ時計は、1回の電池交換で2〜5年間動き、時刻修正の必要もほとんどありません。特に電波時計は、正確な時刻を定期的に自動修正してくれます。

 機械式時計のしくみ

　機械式時計に必要な要素は、エネルギー源、調速機および脱進機です。時計が正確に時間を刻むように、動力源としては「ぜんまい」、調速機としては「振り子」や「ひげぜんまい」、脱進機としては「がんぎ車」と「アンクル」の組み合わせを用いています。ぜんまいは巻き上げることによってエネルギーを貯え、それがほどけるときのエネルギーを時計の針を進める動力として利用します。

PICK UP 中世の機械式時計

　機械式時計の製作は、16世紀にドイツとフランスで急速に盛んになり、その後、時計工業の中心はイギリスやスイスに移ります。当時、時計技術をもつ職人は最高の知能集団でした。16世紀後半にはドイツの時計職人の手で「自動人形（オートマタ）」を組み合わせたからくり時計の製作がおこなわれるようになりました。さらに、1650年代になるとクリスチャン・ホイヘンスによって振り子時計が発明され、ロバート・フックによる「ひげぜんまい」が一定周期で振動することが示されて、調速機として用いられるようになります。これにより、1日に10分程度だった時計の誤差は、1日に2秒程度と、大幅に向上しました。

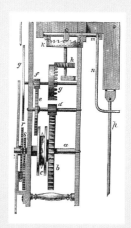

図2-30 ホイヘンスの振り子時計

1583年、ガリレオ・ガリレイが「同じ長さの振り子の周期は等しい」という振り子の等時性を発見した。これにより、振り子が時計の調速機として利用されるようになった。

エネルギーを一気に使うと時計が正確な時を刻むことなく進んでしまうので、エネルギーの使用量を調節するために調速機と脱進機が設けられています。調速機は規則正しいリズムを刻むためのもので、脱進機は調速機のリズムに合わせて秒針、分針、時針を一定量だけ回転させる役割を担っています。

クオーツ時計のしくみ

クオーツ（quartz）とは、石英という二酸化珪素（SiO_2）の鉱物のことで、その中で目にみえるほど大きくなった結晶は水晶（crystal）とよばれます。この水晶には、交流電圧をかけると規則正しく振動するという性質があります。クオーツ時計は、振動数を3万2768Hz（1秒間に3万2768回振動する）に設定した水晶振動子を用いることで、機械

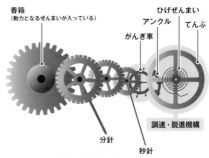

図2-31 機械式時計のしくみ

香箱（動力となるぜんまいが入っている）

ひげぜんまい
アンクル
てんぷ
がんぎ車
調速・脱進機構
分針
秒針

出典：セイコー機械式時計のしくみ
https://www.seikowatches.com/jp-ja/customerservice/knowledge/mechanical

式時計より遥かに正確な時を刻むことのできる時計です。

3万2768という数は2^{15}に等しく、元の数を1/2にすること（分周）を15回繰り返すと、ちょうど「1」になります。クオーツ時計の内部では、分周回路という回路で振動数を半減させることを繰り返し、1秒に1回振動するパルス電流を作っています。

図2-32 クオーツ時計のしくみ

水晶振動子 ➡ **発振回路** 標準信号を増幅 ➡ **分周回路** 15回分周を繰り返す ➡ **駆動回路** 針を進める ➡ クオーツ時計

音叉のような形状に加工した水晶振動子に固有振動を起こすような交流電圧を加えて振動を取り出し、これを標準信号として発振回路に送る。さらに分周回路で1秒に1回の振動に変換し、ステップモーターを駆動して時計の針を動かす。

⚙️ 水晶振動子

自然界にあるすべての固体物質は、弾性という性質をもっています。質量の大きさと弾性によって、物質は外部から変動する力を加えると、ある特定の振動の形（振動モード）により、決まった振動数（固有振動数）で振動します。

水晶振動子は、元の大きな結晶から切り出して作るのですが、切り方によっていろいろな振動モードがあり、そのモードに対して固有振動数が決まります。腕の長さと幅によって固有振動数を生み出す音叉型水晶振動子や、ある角度を持たせた切り出しによって厚みすべり振動を発生させるAT型水晶振動子などがあります。AT型水晶振動子では10kHz〜1GHzの安定した振動を取り出すことができます。

水晶のように、電圧をかけると伸び縮みし、逆に変形を加えると電圧が発生する物質を圧電材料といいます。圧電材料としては特殊なセラミックスもありますが、水晶は物理的、化学的にも安定した物質であるために経年変化も少なく、時計に広く利用されるようになりました。

図2-33 厚みすべり振動モード

上下が横にずれるように振動する。

PICK UP 「クロック」の語源は鐘

置き時計や掛け時計は英語でクロック（clock）といいますが、この言葉は、鐘を意味するフランス語のクローシュ（cloche）に由来します。中世ヨーロッパでは、教会の鐘が祈りの時間などを周囲の信者に知らせる役割をもっていました。そのため、鐘を意味する言葉が時計の意味をもつようになりました。

13世紀頃から、教会の塔には錘（おもり）時計が設置されるようになり、その後、振り子時計に置き換わりました。ヨーロッパの国々の旧市街を訪れると、教会を中心に街並みが整備されていて、多くの教会の塔では今も時計が時を刻んでいます。

図2-34 教会の塔にある時計

PICK UP **世界の標準時**

世界で最初に鉄道が敷かれたイギリスでは、19世紀前半に地方ごとに鉄道会社ができて、鉄道網が発達しました。イギリスでは、それまで日時計によって町ごとに時刻が決められていて、各地の鉄道会社の運行時間はそれぞれの会社が本社を置く町の時刻に基づいて決められていました。そのため、町をまたいで通過する列車では、しばしば鉄道ダイヤに混乱が生じました。そこで1850年頃から、事故を防ぎ利便性を確保するために、鉄道会社が自主的にグリニッジ標準時の採用を始め、「鉄道時間」という時間体系が生まれることになりました。標準時は、1855年頃までには鉄道沿いの電信線を通じて時報として各駅に届きました。1880年には、グリニッジ天文台の標準時をイギリス全土の標準時とする法律ができました。

一方、アメリカでは1880年以降に南部や西部も含めた北米大陸全土に大陸横断鉄道網が整備されましたが、国土が広いために4つのタイムゾーンに分けた鉄道時間が使われました。その後、1884年、ワシントンでの国際子午線会議で、アメリカが提案した「グリニッジを通過する子午線をゼロにしたグリニッジ・タイムを世界標準時として、世界を1時間ごとの時差を持つ24の時間帯に分けること」が正式に採用され、世界全体の国で標準時を使うようになりました。

図2-35 グリニッジ標準時を基準とした世界のタイムゾーン

経度に基づいて、このようなタイムゾーンに分けられている。日本はグリニッジ標準時＋9時間という時間を採用している。

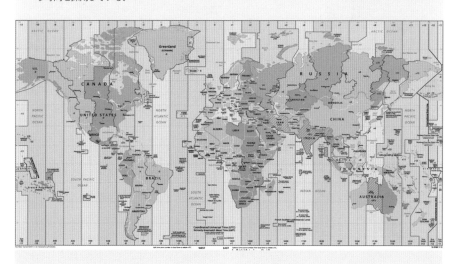

⚙ 電波時計のしくみ

電波時計とは、国の機関である情報通信研究機構が発している時刻などに関する電波を受け取って、定期的に自動で時間などの修正をおこなう時計のことです。最近は掛け時計だけでなく、腕時計にもこの機能を備えたものがあります。

電波を発する場所は標準周波数局とよばれ、日本国内では福島県田村市にある「おおたかどや山標準電波送信所」と佐賀県佐賀市にある「はがね山標準電波送信所」の2カ所です。それぞれの電波が干渉しないように、40kHzと60kHzというように周波数を変え、また高い精度で時刻符号が供給できるように長波標準電波を用いています。その電波は約1000km届き、この2局で日本全土をほぼカバーしています。

図2-36 電波時計のしくみ

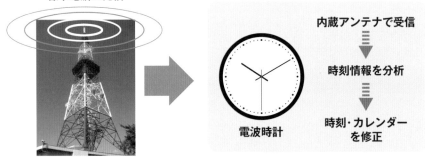

標準電波の発信

セシウム電子時計

内蔵アンテナで受信

時刻情報を分析

時刻・カレンダーを修正

電波時計

図2-37 おおたかどや山標準電波送信所

図2-38 はがね山標準電波送信所

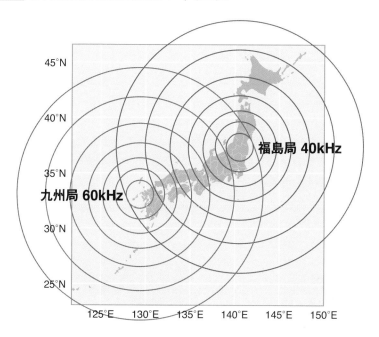

図2-39 標準周波数局の所在地とカバーするエリア

福島局 40kHz

九州局 60kHz

PICK UP **標準電波局の電波の内容**

　時刻を知らせる電波は2進数の60ビットを使い、1周期を60秒として繰り返し送られています。電波には分、時、曜日、年、通算日、うるう秒などのさまざまな情報がのせられています。

表2-4 信号の送り方

1秒を1ビットとし、それぞれのビットで0か1の信号を送る。60秒ごとに、次のようなスケジュールで信号を送っている。

1～3、5～8秒（7ビット）……	分
12～13、15～18秒（6ビット）……	時
22～23、25～28、30～33秒（10ビット）……	通算日
41～48秒（8ビット）……	西暦年
50～51秒（3ビット）……	曜日
53～54秒（2ビット）……	うるう秒

電動ベッド

電動ベッドの歴史

ベッドは紀元前3200年頃の古代エジプトから使われ、それにモーターを組み込んで高さや角度を変えられるようにしたのが電動ベッドです。最初は、病院で患者のみなさんができるだけ快適に過ごせるように使われ始め、高齢化に伴って介護用ベッドとして使われるようになりました。さらに、最近は健康志向の高まりもあり、睡眠の質を確保する手段としての機能もベッドに備わるようになっています。

1909年	アメリカで高さを変えられる医療用ベッドが開発。 写真1
1955～1960年	国産のアジャスタブルベッドが登場。 写真2
1962年	国産初の電動ベッドが登場。 写真3
1964年	医療用ベッドの開発が始まる。
1975年	車椅子としても使える電動ベッドが登場。 写真4
1989年	政府が高齢者保健福祉推進十か年戦略（ゴールドプラン）を策定。
	在宅高齢者福祉事業が本格化。
1990年	高齢者施設向けのベッド開発が始まる。
2000年	政府が介護保険法を施行。介護保険制度が始まる。
2008年	ベッドにセンサー機能の搭載が始まる。
2016年	ベッド利用者の生体情報を測定し、情報の一元管理が可能になる。
2019年	睡眠の質を重視したベッド開発が始まる。

写真1
高さを部分的に変えられるベッドが登場

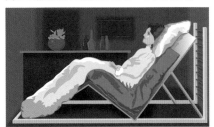

アメリカの医師であるギャッチが、高さを部分的に変えられるベッドを開発した。そのため、欧米では「ギャッチベッド」「アジャスタブルベッド」とよばれる。

写真2 **国産初のアジャスタブルベッド**

日本人の体格や好みに合わせて、手動で各部分の高さを変えることができる。

写真3 国産初の電動ベッド

手元のリモコンを使い、モーター
を動かして、ベッドの高さや角度
の調整ができる。

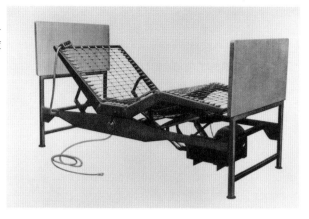

写真4 車椅子兼用のベッド

日本のメーカーが、世界で初めて開発した。普段はベッドとして
使うが、手元のリモコンによって車椅子のようにも使える。

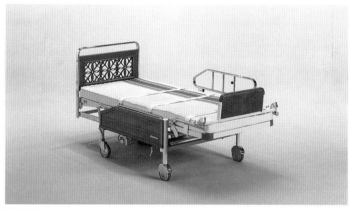

電動ベッドのしくみ

ベッドの寝心地を改善するために、これまではクッションに関してさまざまな工夫がなされてきました。ところが、制御装置の小型化やセンサーの高度化などの技術開発によって、ベッドの各部の高さや傾きを調節することで、寝心地を大幅に改善することができるようになりました。これにより、患者さんの回復度や高齢者の安楽さを増すことができます。

モーターで3つの機能を実現

　電動ベッドが調節できる主な機能には、背上げ機能、脚上げ機能、高さ調節機能の3つがあり、基本的にそれぞれの調節に対して1台のモーターを使用しています。

　モーターの数が増えるほど、細かな調節ができるようになります。1モーターの場合は、背上げと脚上げを連動させる調節をします。背上げだけおこなうと腰が下方にずれてしまうので、脚上げと連動することで腰を少し折ることによって腰のズレを防ぐことができます。2モーターの場合は、この調節を連動または独立しておこなうことができます。また3モーターでは、ベッドの高さ調節機能が加わります。さらに4モーターでは、ヘッドアップ調節機能が加わり、より細かな体位調節ができるようになります。基本的に、これらの調節は手元に用意されたリモコンでおこないます。

図2-40
モーターの数によりできる調節の違い

1モーター

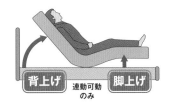

2モーター

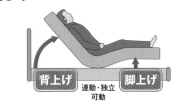

3モーター

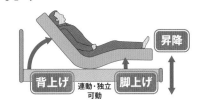

4モーター

床ずれを予防できるマットレス

　身体を自由に動かせず寝返りを打てない人にとって「床ずれ」は痛みを伴い、また生活の質を著しく落とします。医学用語では褥瘡（じょくそう）といい、寝床と接している部分、特に骨が出っ張っている部分が長時間圧迫されることによって皮膚の血流が悪くなるために発生する損傷です。症状が軽い場合には皮膚が赤くなる程度ですが、症状が重くなると化膿したり、場合によっては命にかかわることもあります。

　床ずれを予防するためには、寝る際に身体の下部にかかる圧力が集中しないように分散させるか、定期的に圧力分布を変化させる必要があります。このために医療・介護の現場では看護師などが定期的に寝返りさせて対処しています。その負荷を軽減するために、体圧分散型寝具が開発されました。多くは空気圧を利用したエアマットレスです。このマットレスは、空気の入ったクッションをベッド上に多数並べ、空気圧をポンプで調節できるようなしくみになっています。圧力センサーからの信号によって自動的に空気圧の調節をおこない、身体を均一に支えて、定期的にしかも順番に空気圧を変化させることによって、床ずれを予防することができます。

図2-41　エアマットレスの例

縦、横、傾きの3方向から除圧をおこなえるエアマットレス。人の手でおこなうような優しい自動体位変換ができる。

❶ 縦除圧
❷ 横除圧
❸ 傾き除圧

さらに快適な睡眠環境を提供するベッド

近年のようにストレス社会になると、快適な睡眠を望む一般の人が増えてきます。そのために、ベッドのマットレスの下に特殊なセンサーを挟み込んで、就寝時の各種情報を集めて、より快適な睡眠を提供する試みが始まっています。

パラマウントベッドでは、高い感度の空気圧センサーをマットレスの下に配置することで、ベッド上の活動量を変換して睡眠・覚醒を判定するベッドを開発しました。このベッドは、参考値として呼吸数・心拍数を計測することもできます。これらのデータはベッドと連動させたパソコンやスマホで、「睡眠日誌」としてみることができます。

図2-42 空気圧センサー

センサー本体（右）。マットレスの下に挟むだけで、睡眠の状態を判定してくれる。

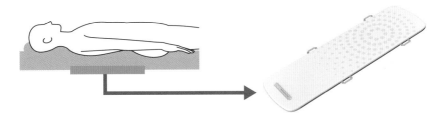

多くのメーカーがしのぎを削る電動ベッド市場

電動ベッドと一口に言っても、用途によってさまざまなタイプがあります。医療・介護用ベッドではパラマウントベッドとフランスベッドの大手2社が大きなシェアをもち、さらにプラッツなどの中堅各社がシェアを伸ばす展開になっています。

介護用見守りセンサーの分野では、パラマウントベッドとバイオシルバーが大きなシェアをもち、さらに、シン

セイコーポレーションなども2020年に参入しています。

図2-43 電動ベッド（療養ベッド）のメーカー別シェア

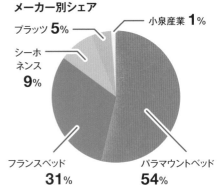

- プラッツ 5%
- シーホネンス 9%
- 小泉産業 1%
- フランスベッド 31%
- パラマウントベッド 54%

出典：（株）日本マーケティング・レポート『高齢者介護福祉市場総覧』

PICK UP　電動ベッドの将来予測

　近年の我が国では、高齢化が進む一方で人口減少も問題となっており、将来の医療・介護分野での電動ベッドの売り上げ予測は難しいのが実情です。そのため多くのメーカーは、電動ベッドから介護ベッドのイメージを取り払い、睡眠の質を高めるための健康器具として一般家庭に提供して、利用する年齢層の拡大を図るという販売戦略をとり始めています。

　一方、医療・介護分野では、労働環境が過酷であり、また待遇への不満から、看護師や介護士などの人材が不足しています。その結果、老人介護施設などでは、少人数で多くの高齢者を受け持つ必要ができてきています。この問題の解決策のひとつとして、各部屋のベッドにセンサーを配置して、高齢者の生活に関わる情報を集中的に管理することにより少人数できめ細かな高齢者支援をおこない、必要なときは対応する人数を集中させる方法もとられています。

　将来的には、電動ベッドが睡眠の質を高める機能や自律的に介護するなど高度な機能が備わり、ベッドのロボット化がおこなわれる時代がくるかもしれません。

図2-44　ベッドのセンサーによるモニターの一例

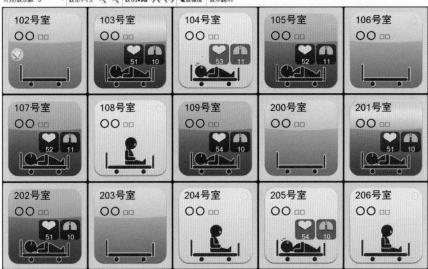

介護施設などで、ベッドに取り付けられたセンサーを使って
入居者の状態をチェックするモニターの一例。

オートマタ（自動人形）は機械の原型

　オートマタとは、西洋で発達した「しかけを内蔵して動く人形＝自動人形（からくり人形）」のことをいいます。オートマタは、元々時計職人が時計をオートマタで飾って価値を高めるために、13世紀のヨーロッパで盛んに製作されました。その後も継続的に作られていたようですが、18世紀になるとフランスやスイスで天才的な職人が現れ、内部にカムや鉄の細い棒を多数組み合わせて、巧妙な動きを再現できるオートマタが登場しました。顔や手はビスクドールの肌触りを、また服には当時流行したファッションを取り入れて、さまざまな動きをするオートマタがイギリスやイタリアでも製作されました。

　我が国にも古来から、からくり人形の文化があります。これについては7世紀頃に中国から遣唐使などを通じてからくり技術が伝来したと『日本書紀』にも記されています。伝えられたからくり技術は日本の風習や文化に取り込まれ、独自の発展を遂げました。また、西洋のからくり技術は、時計などに代表されるメカニズム技術として室町時代に伝えられました。日本の技術者はその原理や製法をすぐに理解して、時計製作に生かしたとされています。江戸時代に入って鎖国政策がとられるようになると、中国から伝来した技術とヨーロッパから入ってきた技術が融合され、また同時に日本の文化の中で育まれた技術も組み入れられて、日本独自のからくり人形が数多く誕生しました。からくり人形としては弓曳き童子や茶運び人形が有名ですが、人形だけではなく、各地の祭りに用いる山車にも自動人形をみることができます。

　和製のからくり人形にせよ、西洋のオートマタにせよ、基本的には外部からエネルギーを与えて、内部に設置された歯車やカム機構を介してそのエネルギーを動きに変換するしくみで成り立っています。場合によってはぜんまいなどを利用して、そのエネルギーを一時的に貯えてい

ます。これは機械のしくみそのもの
ですので、オートマタは機械の原型
ということができます。

　さらに、大学などで情報工学を専
攻すると、オートマトン（オートマ
タの単数形）という現在の計算機に
共通する計算の原理の数学モデルに
ついて学びます。その中で、オート

マトンは内部状態の集合と状態遷移
則の組み合わせで定義されています。
これは、何らかの入力を与えて、内
部でその演算をおこない、一部は状
態として貯えて、最終的に出力する
というしくみであると理解できます。
つまり、現代のコンピュータの原型
として捉えることもできます。

▼「手紙を書くピエロ」は、手紙を書いている途中でうとうとして、ハッと起きるとランプの灯りを調整する（写真左）。「はしご乗り」は、はしごにのぼり、片手で逆立ちの曲芸をする（写真右）。

写真提供：野坂オートマタ美術館

第3章

バスルーム・
洗面所の
機械

　バスルーム・洗面所も毎日利用する場所で、そこでもさまざまな機械が使われています。まず洗濯機ですが、我が国と欧米では、軟水であるか硬水であるかにより洗い方が異なっています。昔は洗濯板でゴシゴシこすっていたことを考えると、洗濯機の自動化は大きな進歩を遂げました。

　電気シェーバーも刃の動き方により3種類程度に分類することができます。ほかに、ヘルスメーターやヘアドライヤーについても、しくみを解説しています。

洗濯機

洗濯機の歴史

電気洗濯機は、電気が急速に普及した20世紀初頭に登場しました。それまでは手で洗っていたものが、機械を使って洗濯できるようになりました。日本では、1930年に国産初の電気洗濯機が誕生しました。洗濯とすすぎが機械でできるようになり、さらに脱水機も加わりました。現在では、洗濯・すすぎ・脱水・乾燥を一貫しておこなうことのできる洗濯機も開発されています。

1906年	手動式洗濯機の開発。 写真1
1908年	アメリカでハーリー・マシン・カンパニーが電気洗濯機「Thor」を発売。
1910年	アメリカでアルバ・フィッシャーが電気洗濯機の特許を取得。
1930年	芝浦製作所（現東芝）がかく拌式電気洗濯機を開発。 写真2
1947年	アメリカで複数の企業から全自動電気洗濯機が発売。
1953年	三洋が国内初の噴流式電気洗濯機を発売。
	かく拌の羽根車が洗濯槽の下に取り付けられた渦巻き式一槽式洗濯機の発売。 写真3
1954年	ローラー式脱水機のついた洗濯機が発売。 写真4
1955年	芝浦製作所がタイマーのついた電気洗濯機「VB-3」を発売。
1960年	二槽式洗濯機で、遠心力を利用した脱水機が発売。 写真5
	外板などのプラスチック化により重さが半減し耐腐食化が進む。

写真1 **1910～1930年頃の手動式洗濯機**

胴の部分に洗濯物と石けん水を入れて、上部のハンドルを手で回すと、内部のかく拌板が洗濯物を動かして洗濯した。

写真2 **日本初の電気洗濯機**

芝浦製作所が、アメリカの技術を参考に洗濯機「ソーラーA型」を発売した。分厚い鉄板を使っていたため重さは60kgもあった。洗濯容量は2.7kgだった。

1965年	渦巻き式全自動洗濯機。給水・洗濯・すすぎ・排水・脱水の工程が自動的におこなえる洗濯機の登場。写真6
1972年	洗いからすすぎまでを自動化した自動二槽式洗濯機が発売。
1979年	大容量化のニーズに応えた容量4.2kgの二槽式洗濯機が発売。
1980年代	コンピュータ制御で各種のセンサーを備えた機能性・効率性の高い全自動洗濯機の普及。
2000年以降	乾燥機と併用し、洗濯から乾燥まで一貫したドラム式全自動洗濯機の登場。乾燥はヒートポンプ除湿型を採用。写真7

写真3 渦巻き式一槽式洗濯機

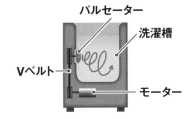

パルセーター
洗濯槽
Vベルト
モーター

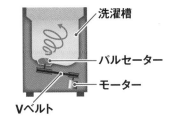

洗濯槽
パルセーター
モーター
Vベルト

噴流式はかく拌の羽根が洗濯槽の横についており洗濯物が少なくても大量の水を使った。それを解決するために羽根が底部にある渦巻き式がつくられた。

写真4 ローラー式脱水機付き洗濯機

洗濯機の側面にあるローラーに洗濯物を挟んでハンドルを回して水を絞った。絞った衣類は、横に取り付けたかごに入れた。

写真5 脱水槽のついた二槽式洗濯機

脱水機は毎分1000〜1500回の回転遠心力を使って衣類の水分を振り切る。停止のための安全機構も備える。ローラーによる脱水よりも格段によく絞れ、衣類も傷みにくい。

写真6 渦巻き式全自動洗濯機

水道の蛇口を開き、タイマーをセットして洗濯量に合った水位を選べば、洗濯→すすぎ→排水→脱水が自動でおこなえた。

写真7 ドラム式全自動洗濯乾燥機

洗濯から乾燥まで連続的におこなうことができる。横置きのドラムの中で、洗濯物を重力により水面に落下させて洗う。

洗濯機のしくみ

洗濯機は、汚れた洗濯物と洗濯用洗剤を水または湯に入れて、かき回すことによって汚れを落とす機械です。洗濯→すすぎ→脱水という順番で洗濯がおこなわれます。日本では「渦巻き式」と「ドラム式」の洗濯機が主流ですが、アメリカは「かく拌式」、ヨーロッパは「ドラム式」が主流になっています。それぞれ特徴がありますが、洗濯方式はそれぞれの国の水質や環境に応じて選ばれています。

かく拌式

主にアメリカで使われている方式で、洗濯槽の中心最下部からアジテータとよばれるかく拌棒が、洗濯槽の上部まで突き出しています。洗濯物はアジテータの周囲にそれぞれまとめて入れ、アジテータが往復回転運動することで水の中で洗濯物をバシャバシャとかき回し、汚れを落とすしくみとなっています。

洗濯は、洗濯物の量、汚れの程度、洗濯水の温度、脱水の回転速度などを順番に指定しておこないます。アメリカでは、洗濯物は一般には外干ししませんので、乾燥機で乾かすことが多いとされています。アジテータは毎分50～70回の往復回転を歯車を利用することでおこない、脱水機は毎分1000回程度回転します。

ドラム式

ヨーロッパで主流の方式ですが、近年日本でも、またアメリカでも普及が始まっています。多数の小穴をもった横置きのドラムの中で洗濯物を回転させ、洗濯物を持ち上げては重力を利用して水面に落下させて洗う方式です。ドラムの内側には3カ所くらいにバッフル（突板）が設けられていて、洗濯物

図3-1 かく拌式洗濯機

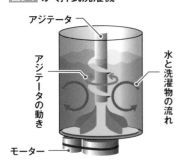

図3-2 ドラム式洗濯機

をドラムの回転とともに動かします。

　洗濯物の素材ごとにコースを指定したり、洗濯水の温度を指定したりすることも一般的です。ドラムは毎分50〜70回、脱水時には毎分1500回ほどの回転になります。

渦巻き式

　日本で主流となっている方式です。洗濯槽の中心最下部にかく拌用の羽根車（パルセーター）が取り付けられており、これが回転することで渦巻きの流れを作り、洗濯物を洗浄するしくみです。最初は一方向の流れだけだったようですが、1950年頃からは30秒ごとに羽根車が自動的に反転するしくみが取り入れられました。

　現在は、容量センサーからの情報を得て、最初は小刻みな往復動をおこなって洗濯物を洗濯槽の中で安定させたあと、本格的な洗濯を開始します。パルセーターは毎分40〜60回転ほどで一定回転をおこない、その後時間経過とともに反転します。脱水時は毎分1000回転程度になって遠心力を利用して水分を飛ばします。

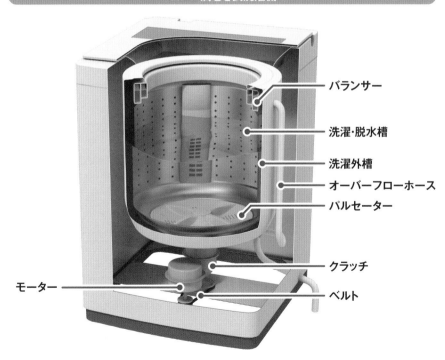

図3-3　渦巻き式洗濯機

バランサー

洗濯・脱水槽

洗濯外槽

オーバーフローホース

パルセーター

クラッチ

モーター

ベルト

暮らしの中の洗濯機

　世界的にみると、洗濯機は現在でも「かく拌式」「渦巻き式」「ドラム式」の3方式に分類することができます。

　基本的には一槽の全自動機能をもち、洗濯、すすぎ、乾燥の機能を備えています。最初に洗濯物を洗濯槽に入れて、洗剤や柔軟剤を所定の場所に投入して、あとはボタンをひとつ押すだけで洗濯ができるようになっています。この手軽さは、洗濯時間を大幅に短縮し、負担から解放してくれることにつながります。

　洗濯機に3方式が現在もあるのは、
・洗濯する水が軟水であるか硬水であるか、
・毎日洗濯するか1週間まとめて洗濯するか、
・冷水を使うか温水を使うか、
・住宅事情はどのようになっているか、
など、その国の文化や土地柄と密接な関係があるようです。

　例えば、日本では「渦巻き式」が現在は主流ですが、この方式は洗濯機全体を小型にでき、製品としての価格も抑えることができます。また、洗濯時間が短く、汚れが落ちやすく、洗濯量によって使う水量が調節できるという特長があります。しかし、布がよじれて傷みやすいとされています。

　「かく拌式」はアメリカで主に使われ、洗濯による布の傷みが少ないのですが、洗濯時間が長く、汚れが落ちにくいとされています。週の特定日に洗濯する習慣があり、一度にたくさんの洗濯物を洗うことが多く、容量の大きな洗濯機が使われています。

　一方で、「ドラム式」はヨーロッパで古くから使われる方式で、洗濯容量を大きくでき、布の傷みが少ないという特長があります。しかし洗濯時間が長く、他の方式に比べて脱水率が低いとされています。また、ヨーロッパでは硬水が一般的なので、水温を高くしないと洗濯物の汚れが落ちにくく、さらに、歴史的に疫病流行への対策として洗濯物を煮沸消毒した経験が習慣として根づいているので、温水で洗濯することが一般的になっています。

図3-4
古代エジプトの壁画にある洗濯のようす

石けんの代わりに植物油などを入れた桶の中でもみ洗いをし、棒を使って絞り、しわを伸ばすために広げてたたいてから干した。

最先端技術の導入

1970年代から洗濯機にいわゆるマイコンが導入されて、コンピュータ制御が始まりました。また、各種のセンサーを備えることで、洗濯から乾燥までの機能が向上しました。現在でも容量センサー、汚れセンサーなどさまざまな種類のセンサーを備えた洗濯機が普及しています。

容量センサーでは、洗濯物の分量によってパルセーターの動きが抵抗を受けることから、回転具合から洗濯物の分量を推定しています。また、洗濯物の量に合った水量で一定時間回転させ

て、その抵抗から布の質まで判定することもできます。さらに、洗濯槽の中での光の透過具合から汚れの程度を推定したり、透過具合の変化から汚れの種類を特定したりすることができます。

ネットワーク機能も洗濯機に積極的に取り入れられています。WiFiに対応して、洗濯の終了合図を手持ちのスマートフォンに送るだけでなく、洗濯の経過なども通信できる洗濯機が開発されています。

また、日本の住宅事情を考えると、洗濯機の静音化は大切な問題です。「集合住宅でも夜中に洗濯できる洗濯機」の登場を目指して開発がおこなわれています。

PICK UP 静音化技術

①インバータ制御モーターの利用
→回転数の細かな制御による振動騒音の低減

②洗濯槽のサスペンション機構の採用
→洗濯槽を吊り下げて振動伝達を低減

③洗濯物の片寄りを抑えるバランサーの採用
→釣り合いをとることで脱水時の内槽の揺れを低減

④洗濯槽・モーターの免振機構の採用
→洗濯機を設置する床への振動伝達を低減

図3-5 ダイレクトドライブ方式のしくみ

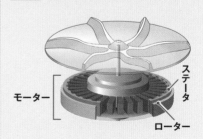

ステータ
モーター
ローター

▲ダイレクトドライブ方式は、インバータモーターがパルセーターに直結している。そのため、洗濯槽に直接動力を伝えられ騒音も低減できる。

電気シェーバー

電気シェーバーの歴史

「かみそり」は538年頃、仏教の教えとともに日本に伝わり、頭髪を剃る仏具として使われたようです。そのため「髪剃り」が語源とされています。一般の人がひげを剃るために西洋のかみそりを使ったのは明治後期といわれています。それ以来、かみそりを使ってひげ等を整えることが習慣になりました。その後、20世紀後半になると、実用的な電気シェーバーが商品化され、第2次世界大戦後には国産の電気シェーバーも登場しました。

538年	仏教の教えとともにかみそりが日本に伝わる。
1762年	フランスのジャン・ペレーがT型安全かみそりを製作。
1904年	アメリカのキング・ジレットが替え刃式安全かみそりを製作。
1930年	アメリカのヤコブ・シックが電気シェーバーの特許取得。
1931年	シックが電気シェーバーを商品化。
1939年	オランダのフィリップス社が回転式電気シェーバーを発売。 写真1
1950年	ドイツのブラウン社が電気シェーバーを発売。 写真2
1951年	フィリップス社が2つの回転ヘッドをもつ「Philishave 7743」を発売。
1955年	松下電器産業（現パナソニック）が電気シェーバーを発売。 写真3
1966年	フィリップス社が3つの回転ヘッドをもつ電気シェーバーを発売。 写真4

写真1
回転式電気シェーバー「Philishave 7730」

先端に回転部がひとつあり、外刃と内刃が備わっていた。回転式は往復式と異なり、連続的な動きが可能という特徴がある。

写真2 ブラウン社初の電気シェーバー

1950年に発売されたため「S-50」というモデル名がつけられた。

1967年	アメリカのジレット社がブラウン社を買収・子会社化。
1995年	松下電器産業がリニアモーター駆動シェーバーを発売。 写真5
2002年	松下電器産業が3枚刃リニアシェーバー「ラムダッシュ ES8093」を発売。
2005年	アメリカのP&G社がジレット社、ブラウン社を買収・子会社化。
2007年	フィリップス社が回転刃が肌に密着して傾斜する「ARCITEC RQ1095」を発売。
	松下電器産業が4枚刃リニアシェーバー「ラムダッシュ ES8259」を発売。
2011年	パナソニックが5枚刃リニアシェーバー「ラムダッシュ ES-LV90」を発売。
2021年	パナソニックが6枚刃リニアシェーバー「ラムダッシュ ES-LS9AX」を発売。 写真6

写真3 国産初の電気シェーバー「MS10」

わずか1年という開発期間をへて発売された。当時の値段で約2500円（今の価値で約3万円）という高価なものだった。

写真4 世界初の3ヘッド回転式電気シェーバー「Philishave 8130」

このモデルは、現在のフィリップス社の電気シェーバーの原型となった。

写真6 6枚刃、高速リニアモーター駆動の「ラムダッシュ ES-LS9AX」

どんなひげでも根元深くから捉える「アゴ下トリマー刃」をW搭載したモデルだった。

写真5 世界初のリニアモーター駆動モデル「ES881」

リニアモーターを採用したことで、今までにない高速運動が可能になった。

電気シェーバーのしくみ

電気シェーバーは肌を傷めずに深剃りができることが求められます。そのために、「かみそり」のように鋭い刃を直接肌に当てるのではなく、外刃を皮膚に押し付けて、外刃と内刃の間にひげを挟んで、内刃を動かすことでひげを切ります。電気シェーバーは、内刃の動かし方の違いから、往復式、ロータリー式、回転式の3つに分類することができます。

 ## 往復式シェーバーのしくみ

　往復式シェーバーは、外刃（網状の刃）を皮膚に押し付けて、ひげを外刃のすきまに入れて押さえ、内刃を左右に動かすことによってひげを剃ります。内刃は、1mmほどの振幅で、左右に毎分1万回以上という高速で動いています。そのために、電磁石を用いたリニアモーターを使用しています。往復式は深剃りが得意な一方、回転式に比べると肌への負担がやや大きいという特徴があります。

　通常のリニアモーターは、コイルに継続的に交流電流を流すことで、磁石のN極とS極を入れ替えて駆動します。しかし、電気シェーバーのリニアモーターは、交流電流を継続的に流すのではなく、可動部の両脇にばねを挿入し、可動部の質量とばねの強さから振動数が決まる共振現象を利用することで、使用電力を抑制しています。そのときに、ひげを剃ると振動の抵抗になり、刃の振幅が次第に小さくなってしまいます。そこで、振幅を一定に保つために、抵抗に合わせて電力を供給するしくみを備えています。また、電力供給量をセンサーとして利用して、剃るひげの量を表示しています。

図3-6 さまざまな電気シェーバーの方式

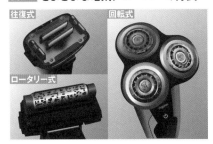

往復式　回転式　ロータリー式

シェーバーの内刃の部分を見ることができるように、外刃をはずした状態を比較。

図3-7 電気シェーバーによるひげ剃りのしくみ

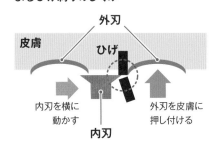

皮膚　外刃　ひげ

内刃を横に動かす　内刃　外刃を皮膚に押し付ける

図3-8 往復式シェーバーの外刃と内刃式

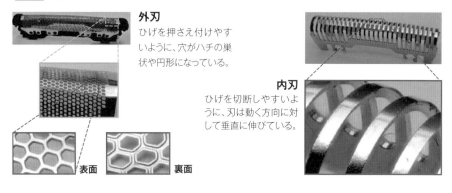

外刃
ひげを押さえ付けやす
いように、穴がハチの巣
状や円形になっている。

内刃
ひげを切断しやすいよ
うに、刃は動く方向に対
して垂直に伸びている。

表面　　裏面

図3-9 リニア駆動のしくみ

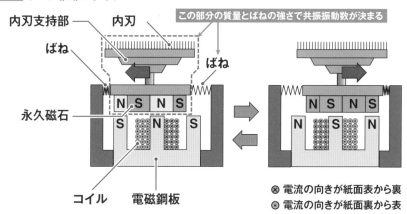

内刃支持部　　内刃　　この部分の質量とばねの強さで共振振動数が決まる

ばね　　ばね

永久磁石

コイル　　電磁鋼板

⊗ 電流の向きが紙面表から裏
◎ 電流の向きが紙面裏から表

⚙ ロータリー式シェーバーのしくみ

外刃を皮膚に押し付けてひげを外刃
（網状の刃）のすきまに入れ、ドラム状
の内刃を回転させることでひげを剃り
ます。往復式では内刃が左右の両端に
あるときは一瞬停止することになりま
すが、ロータリー式ではドラムが高速
で連続回転してひげを剃るため、かみ
そりを使ったときのような深剃り感が

得られるといわれています。ロータリー
式は往復式に比べて音が静かという特
長があります。

図3-10 ロータリー式シェーバーのしくみ

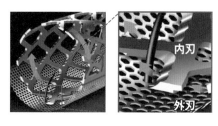

内刃

外刃

回転式シェーバーのしくみ

シェーバーの握りの先端についている円盤型ヘッドを皮膚に押し付け、内部で回転する内刃でひげを切るしくみとなっています。円盤型ヘッドは、かつてはひとつでしたが、最近は3つのヘッドが取り付けられた機種も登場しています。肌への密着面積が広いのでそり残しが少なく、肌荒れしにくいといわれています。

この機種では外刃が「くの字」型になっています。主に、この「くの字」の中央でひげをつかみ、外刃とは逆向きのくの字型をしている内刃の中央で効率的にひげを切るしくみとなっています。

図3-11 回転式シェーバーのしくみ

外刃　　　　　　　　　　　　　　　内刃

PICK UP　シェービング化粧品

化粧品としては、ひげ剃り前に使用するシェービングクリームやジェルと、ひげ剃りの後に使用するアフターシェーブクリームやローションがあります。ひげ剃りをする前に使用する化粧品の成分は脂肪酸石けんで、保湿剤や油分が配合されており、ひげを膨潤、軟化させて剃りやすくする効果があります。また、爽快感を与えるためにメントールやエタノールが配合されています。ひげ剃り後に使用する化粧品は、ひげ剃りによる切り傷をいやし、肌荒れを防ぎ、さっぱり感を与えるものです。ローションの成分としてはエタノールや水をベースに保湿剤、消炎剤、メントールなどが配合されています。

図3-12 シェービングフォーム（左）とアフターシェーブローション（右）

髪の毛やひげは、ヒトや動物の表皮に生える体毛の一例です。髪の毛は男女にかかわらず生えるので「無性毛」に分類される一方で、ひげは特に男性の思春期以降に発毛する体毛であり、「男性毛」のひとつです。毛のなかで、皮膚からでている部分を毛幹、皮膚から奥に入った部分を毛根とよびます。毛の一番深い部分に毛球があって、ここで毛の細胞分裂がおこなわれていて毛を成長させています。毛乳頭は毛の発生や成長のおおもとになる部分で、いったん毛は抜けても、毛乳頭がある限り再び生えてきます。

一方、皮膚の表面に近い部分に皮脂腺があり、ここで皮脂が作られています。この皮脂には、水分の蒸発を防いだり、皮膚に柔軟性を与えたり、感染症などから身体を守る働きがあります。毛に付随して立毛筋という筋組織がありますが、これが収縮することで毛穴が際立ってぶつぶつしてみえる、「鳥肌が立つ」状態になります。

皮膚から外部に出ている毛の部分は死んだ細胞なので、神経がありません。そのために髪の毛を切っても痛みは感じません。ただし、切るときに毛が引っ張られると周囲にある感覚器官が刺激され、痛みを感じる場合があります。

図3-13 毛と皮膚の表面近くの断面図

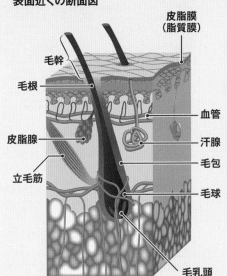

皮脂膜（脂質膜）
毛幹
毛根
皮脂腺
立毛筋
血管
汗腺
毛包
毛球
毛乳頭

図3-14 ひげの性質

年齢、体調などによる個人差が大きいが、おおよそ次のようになっている。

ひげの太さ	80〜140μm
ひげの密度	120本/cm²程度（場所による）
ひげの間隔	1 mm程度
伸びる量	0.2〜0.4 mm/日
伸びる時間帯・季節	午前6時〜10時頃（秋に伸びやすい）

ヘルスメーター

ヘルスメーターの歴史

ヘルスメーターとは、体重計を指す言葉として約60年前に使われ始めた和製英語で、「健康のはかり」と直訳できます。本来は、体重計のことを英語で「Weight scale」といいますが、健康状態が体重に表れることが多いことから、日本ではこのような表現になったと考えられています。最近のヘルスメーターは、体重のほかに体脂肪の割合や体組成などを測定することができるので、文字通りの「健康度を測る機械」となっています。

紀元前 5000年	エジプトの古文書『死者の書』に天秤（てんびん）の描画。 写真1
600年頃	日本の書物に「はかり」ということばが記載される。
1600年前後	イタリアのサントロ・サントーリュが体重計を製作。 写真2
1770年	イギリスのリチャード・サルターが「ばねばかり」を製作。
1930年前後	日本で「台ばかり」による体重測定が始まる。 写真3
1959年	タニタが家庭用体重計を「ヘルスメーター」として発売。 写真4
1980年	アメリカでデジタル体重計の特許が出願。
1992年	タニタが生体電気インピーダンス法を用いた世界初の体脂肪計付きヘルスメーターを発売。
1994年	タニタが家庭用の体脂肪計付きヘルスメーターを世界で初めて発売。 写真5
2001年	タニタが世界初の内臓脂肪チェック付脂肪計を発売。 写真6

写真1 『死者の書』の天秤の絵

国王が死ぬと裁判官によって心臓が天秤に載せられ、重さを量られる。もし心臓が鳥の羽よりも軽いと罪がないとされ、魂は天に導かれると考えられていた。

写真2 サントロ・サントーリュの体重計

「さお」の一方に身体を載せ、もう一方におもりを載せて重さを量る、力のモーメントの釣り合いを利用した体重計だった。サントーリュは、この巨大な測定装置の上で生活しながら、数十年にわたって体重の変化を測定した。

写真3 台ばかりによる体重測定

当初は、さおばかりの体重計（左）が利用されていたが、その後、針が回転して体重を示す体重計（右）が普及していった。

写真4 家庭用体重計「ヘルスメーター」

この頃のヘルスメーターは、内蔵されている目盛り板が体重に合わせて回転し、数値を標示するしくみになっていた。

写真5 家庭用の体脂肪計付きヘルスメーター

当初は4万円台だったが、発売の翌年には2万円台に値下げした普及版が登場し、大人気となった。

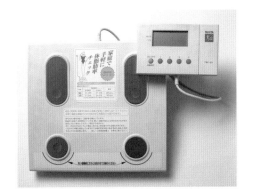

写真6 世界初の内臓脂肪チェック付脂肪計

「インナースキャン」という商品名で発売された。現在は、筋肉量や推定骨量なども測れる体組成計に進化している。筋肉の質を測定したり、データをブルートゥース通信や無線LAN通信で送信して記録できる機種も登場している。

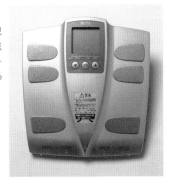

ヘルスメーターのしくみ

近年のヘルスメーターは体重のほか、脂肪や水分、骨の量などを測定する機能を備えています。できるだけ正確な数値を導き出すために、ヘルスメーターには各メーカーがさまざまな独自の技術を投入しています。

 ## 体重を量るしくみ

一般的に、コイルばねに加わる力と伸びとの関係は、広い範囲で比例することが知られています。これを「フックの法則」といいます。この法則により、あらかじめ伸びと力との関係を測定しておけば、コイルばねの伸びによって力（重さ）を測定することができます。昔の体重計は、この性質を利用して体重を測定していました。しかし、最近は形状が平べったく、数値がデジタル表示されるデジタル体重計が主流になっています。

デジタル体重計の中はほとんど空洞になっていて、四隅に「力センサー」が取り付けられています。力センサーとはいっても、実は、力を直接測定することは大変難しく、多くの場合は伸び縮みに換算して測定します。このセンサーは、板ばねと、板ばねにはり付けられた「抵抗線ひずみゲージ」からできています。人が体重計にのると板ばねが曲がり、そのひずみによって抵抗線ひずみゲージの電気抵抗が変化するために、ひずみゲージに流れる電流が変化します。この電流の変化によって、それぞれのセンサーにかかっている重さを割り出し、さらに4カ所の力センサーからの出力を足し算して体重を表示します。

図3-15 体重計に取り付けられた力センサー

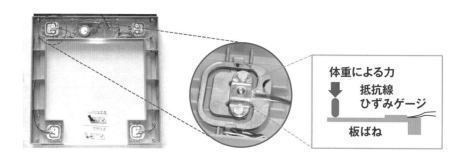

体脂肪率測定のしくみ

　体脂肪とは、身体に貯えられている脂肪のことで、主に脂肪細胞の中にあります。脂肪細胞には白色脂肪細胞と褐色脂肪細胞の2種類があり、体内の脂肪はほとんど白色脂肪細胞です。白色脂肪細胞は20歳前後の成人で400億個もあるといわれていて、食事から吸収するエネルギーが過剰になると数も増え、細胞も大きくなります。この脂肪の量を測定する方法としては、下記のような方法があります。

❶身体に微弱な電流を流して測定する方法(生体電気インピーダンス法)
❷脂肪をつまんで厚さを測る方法(キャリパー法)
❸波長の異なる2種類のX線を用いる方法(二重エネルギーX線吸収法)
❹陸上と水中の両方で体重を測定してその差を利用する方法(水中体重測定法)
❺CT、MRI、超音波を使い断面画像を撮影して脂肪厚を測定する方法
　ヘルスメーターでは、❶の「生体電気インピーダンス法」が用いられています。

PICK UP　力のモーメント

　重さを量る基本は「天秤」を利用することです。天秤は、少なくとも紀元前5000年以前には発明されていました(→104ページ)。この天秤のしくみは、小中学校では「てこの原理」として、高校の物理学では「力のモーメントの釣り合い」として学習します。

　力のモーメントとは、「力×支点からの距離」として定義されます。つまり、力の大きさが同じでも、力を加える点が支点から遠くなるほど、力のモーメントは大きくなります。さらに、支点を挟んで2点の力のモーメントが逆向きで同じ大きさになると、回転方向に釣り合いが成立して静止状態になります。上皿天秤は、おもり(分銅)の重さを変えて力のモーメントの大きさを変化させることで、ものの重さを量ります。また、さおばかりは分銅を移動させて力のモーメントを変化させることで、ものの重さを量ります。

図3-16 力のモーメントの意味

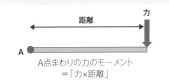

A点まわりの力のモーメント
＝「力×距離」

図3-17 さおばかりのしくみ

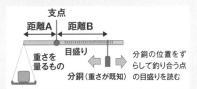

支点
距離A　距離B
目盛り
重さを量るもの
分銅の位置をずらして釣り合う点の目盛りを読む
分銅(重さが既知)

⚙ 生体電気インピーダンス法

　成人の身体では、体重の55～60%が体液とよばれる水分です。しかも、この水分は脂肪のない部分に多く、身体のほかの成分よりも電気抵抗が小さいという性質をもっています。身体に微弱な交流電流を流して電気抵抗（インピーダンス）を測定すると、抵抗が大きければ相対的に水分量は少ないために、体脂肪が多いことになります。この性質を利用して体脂肪率を測るのが、生体電気インピーダンス法です。

　この方法は、1970年頃から始まったといわれています。1980年代中頃には1種類の周波数を用いた方法が開発され、1990年代には多種類の周波数を用いた測定法が考案されました。この方法では、身体の水分の分布に測定精度が関わるので、対象となる人の姿勢や測定時間帯によっては、正確な測定ができないことがあります。

図3-18 筋肉の量と電流の流れやすさ

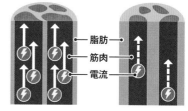

筋肉が多く、脂肪が少ない。　筋肉が少なく、脂肪が多い。

脂肪　筋肉　電流

電流が流れやすい　　電流が流れにくい

PICK UP　脂肪と健康

　脂肪は身体のエネルギー源として用いられる栄養素であり、しかも寒さや衝撃を和らげる意味でも身体にとって大切です。しかし、脂肪が過剰になると健康障害につながる場合もありますので注意が必要です。身体につく脂肪には皮下脂肪と内臓脂肪があり、内臓脂肪型の肥満になると高血圧や糖尿病などの生活習慣病をひきおこす危険性が高まります。体脂肪率が女性の場合は30%、男性の場合は25%を超えると「体脂肪量増加」といわれます。

図3-19 腹部の断面における脂肪の例

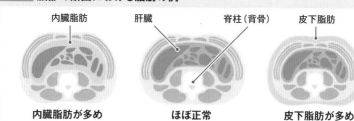

内臓脂肪　　肝臓　　脊柱（背骨）　　皮下脂肪

内臓脂肪が多め　　　ほぼ正常　　　　皮下脂肪が多め

体組成計のしくみ

私たちの身体は筋肉、脂肪、骨、水分などから成り立っていて、健康な生活を送ることで、これらの割合が一定の範囲に収まっています。これらのバランスが崩れると、肥満、栄養失調、骨粗しょう症などの生活習慣病や慢性の疾患と診断されることがあります。体組成計とは、これらの割合を近似的に示すことができる測定装置のことです。

最近は、ヘルスメーターに組み込まれたものが多く販売されています。

体組成計では、体脂肪率や筋肉量などを測定するために身体に微弱な電流を流し、その際の電気抵抗、体重、身長、年齢、性別などを組み合わせて体組成の状態を推定しています。弱い電流なので人が感じることはありません。メーカーや機器によって推定方法が異なっていて、ノウハウは公表されていませんが、推定方法により、示された値が異なる場合があります。

図3-20 体組成の推定方法

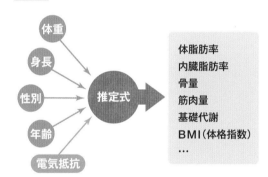

図3-21 最新の体組成計

体重や体脂肪率のほか、BMI、内臓脂肪レベル、筋肉量、筋質点数、基礎代謝量、体内年齢、推定骨量、体水分率、脈拍数などが表示される。データは、ブルートゥース（→145ページ）や無線LANを使って転送され、スマートフォンのアプリ上で管理することができる。

ヘアドライヤー

ヘアドライヤーの歴史

熱風を利用して濡れた髪の毛を乾かすヘアドライヤーの歴史は、熱風を作るヒーターの発明から始まりました。当初、ヒーターにはニッケルとクロムという金属からなる電気抵抗の大きい合金の「ニクロム線」が利用されていましたが、その後はニッケルを鉄とアルミニウムで代替した「カンタル線」が使われるようになりました。初期のドライヤーは大がかりなものでしたが、小型化する努力が続けられ、現在は片手で手軽に扱える機械になっています。

1905年	アメリカのアルバート・マーシュが「ニクロム線」を発明。
1910〜1930年	さまざまなヘアドライヤーが製品化される。　写真1
1911年	アメリカでガブリエル・カザンジアンによるヘアドライヤーの特許が承認される。
1931年	スウェーデンのハンス・カンツォウが「カンタル線」を発明。
1933年	スイスのソリス社が手持ち型ヘアドライヤーを発売。
1937年	松下電器産業（現パナソニック）が日本で初めてヘアドライヤーを発売。　写真2
1940年	ソリス社が世界で初めてベークライトを使ったヘアドライヤーを発売。　写真3
1950年	ソリス社がドライヤーと送風機が一体化した「Type111」を発売。
1956年	ソリス社が温熱と風量が調節できるヘアドライヤーを発売。

写真1 **1910〜1930年のヘアドライヤー**

今のような手持ち型ではなく、置き型の大きな装置だった。モーターには、掃除機用のものなどが使われていた。

写真2 **日本初のヘアドライヤー「ホームドライヤー#3930」**

電気バリカン用の小型モーターを使い、4枚羽根のプロペラファンを回すしくみになっていた。

1969年	東京電販（現テスコム）が国内美容室向けの手持ちできるヘアドライヤー「TD30」を発売。
1975年	テスコムが世界初のカールドライヤー「おしゃれカールHS210／HS800」を発売。
1992年	テスコムが業界で初めてマイナスイオン発生装置を搭載したヘアドライヤーを発売。
2001年	松下電器産業がマイナスイオンを利用したヘアドライヤーを発売。 写真4
2005年	松下電器産業が帯電微粒子水（ナノイー）技術を用いたヘアドライヤーを発売。 写真5

写真3 世界初のベークライト使用モデル「Type102」

木製グリップを備え、本体には断熱性に優れたベークライト（世界初の人工プラスチック）を使用していた。

写真5 ナノイードライヤー「EH5421」

通常のマイナスイオンの1000倍の水分量をもつナノイーというイオンによって、髪へのダメージがさらに少なくなるとされている。

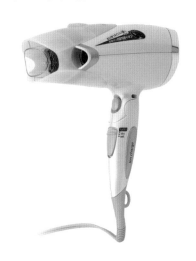

写真4 マイナスイオンを利用した「EH-5403」

マイナスイオンには、髪をしっとりとさせてつやを増す効果があるといわれる。90年代以降、このマイナスイオンを発生させる機種が多く発売されるようになった。

111

ヘアドライヤーのしくみ

基本構造は比較的単純で、ファンモーターを回転させて空気の流れを作り、それをヒーターで温めて髪に吹き付けるようになっています。吹き出す風の温度や量は、手元のダイヤルやスイッチで調節できます。水蒸気、遠赤外線、オゾン、マイナスイオンなどを照射する機能がついている機種もあります。

ファンで風を起こし、ヒーターで温める

ヒーターは、電気抵抗の大きいカンタル線に電流を流すことで熱を発生させます。ファンモーターを回転させると、空気がこのヒーターに流れ込み、ヒーターの熱で加熱された温風が吹き出します。

ヘアドライヤーのグリップ部分には基盤が組み込まれていて、風量や温度の調節ができるようになっています。さらに商品価値を高めるために、水蒸気、遠赤外線、オゾン、マイナスイオンなどの照射機能がついている製品もあります。水蒸気照射は髪の過度な乾燥を防ぐために使うといわれれば何となく理解できますが、その他の照射機能の中には髪にどのような影響を与えるのかは明らかではないものもあり、科学的な証明が求められています。

図3-22 ヘアドライヤーのしくみ

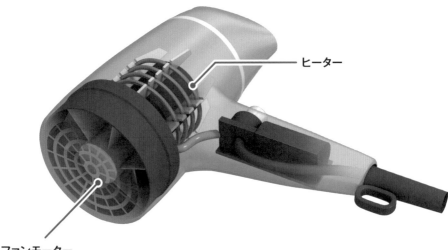

ヒーター

ファンモーター

マイナスイオンによるヘアケア

　マイナスイオンとは大気中にある負の電荷を帯びた分子や原子の集合体とされています。このマイナスイオンという言葉は1990年代から流行し、さまざまな健康増進に役立つと宣伝されましたが、結果的には客観的に証明されたものはほとんどありません。2003年に景品表示法が改正され、商品の表示には合理的な根拠が要求されるようになってからは、大手電機メーカーのマイナスイオン家電の説明書や広告からは効果・効能の記述が次々と削除されました。

　現在パナソニックは、空気中の水に高電圧をかけることで生成するナノサイズのマイナスイオンの集合体を「ナノイー」とよんでいます。同社によると、ナノイーは多くの水分を含んでいて、髪に「潤いとなめらかさ」を与えるとしています。またシャープは、大気中の水に電圧を加えて生成したプラスイオンとマイナスイオンを「プラズマクラスター」とよび、その周囲に水分子が集まることによって髪が潤うとしています。これらに対しては未だにさまざまな意見があり、科学的な証明をもう少し待つことが必要かもしれません。

図3-23 通常のマイナスイオンとナノイー

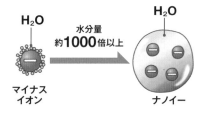

H_2O　水分量 約**1000**倍以上　H_2O

マイナスイオン　→　ナノイー

PICK UP　ナノとナノ粒子

　ナノとは、大きさを表す単位です。1mmの1000分の1が1μm（マイクロメートル）、さらに1μmの1000分の1が1nm（ナノメートル）になり、1nmはとても小さな長さです。

　大きさがnmレベルの粒子をナノ粒子といいますが、ナノ粒子の人に対する影響はまだよくわかっていません。「ナノケア」という言葉は最近よく耳にしますが、もう少し時間をかけて科学的に解明する必要があります。

細胞膜　細胞核　ナノ粒子

図3-24 細胞内部に入り込んだ鉄のナノ粒子
特殊な顕微鏡で撮影したもの。粒子が細胞の内部に入り込んでいるのがわかる。

頭皮保護ドライヤー

ドライヤーの熱風は、吹き出し口から離れるほど温度が低くなりますが、吹き出し口周辺の風の温度は100℃を超える高温になっています。日本の工業製品共通の規格である日本産業規格（JIS規格）では、ドライヤーによる熱風の温度は、吹き出し口から3cmのところで140℃以内になるよう定められています。

髪が耐えることのできる温度が70℃前後といわれていますので、これよりも高温にさらされると、髪の表面にあるキューティクルという部分が傷んでしまいます。そこで、髪や頭皮を保護するモードを備えた低温ドライヤーが販売されていて、髪から10～15cm程度の距離から約60℃の温度で乾燥させることにより、髪自体はもちろん、頭皮のダメージも抑えることができます。このモードで髪を乾かすことにより、髪のキューティクルを保つことができるといわれています。

図3-25
60℃の風を生み出す低温ドライヤー

PICK UP　ものを温める遠赤外線

遠赤外線という言葉はヘアドライヤーや暖房器具に関連してよく耳にします。赤外線は波長が0.75μm～1mmの光のことで、3μmより短いものを近赤外線、それより長いものを遠赤外線とよんでいます。遠赤外線は、ものを温める働きがある2～20μmの赤外線を多く含んでいます。

図3-26 光および電磁波の波長による分類
波長が0.4～0.75μmの光が目に見える光（可視光線）で、この範囲には波長が短い順に紫→藍→青→緑→黄→オレンジ→赤の光が含まれている。

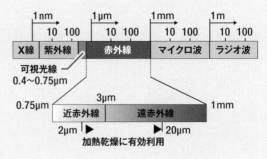

PICK UP 毛のつくり

髪の毛の地肌から出ている部分を毛幹、地肌の中にある部分を毛根とよびます。毛根の一番奥が毛球とよばれ、この部分で毛母細胞が分裂・増殖して新しい髪の毛の細胞を作り出しています。一方、毛根から押し出されるように伸びてゆく毛幹は「死んだ細胞」です。髪の毛は、個人差がありますが、太さは80～100μmほどで毎日0.3～0.4mm伸びるといわれています。つまり、1カ月で1cm、1年で12cmほど伸びることになります。

髪の毛の中心にはメデュラという繊維状の束があり、その束を取り巻くようにコルテックスという組織が集まっています。さらにその周りは、うろこ状になった半透明のキューティクルに覆われています。キューティクルには毛の内部構造を保護する役割があるのですが、こすれると欠けたり剥がれたりします。髪の毛を傷めないようにするためには、キューティクルを丁寧に扱うことが大切です。

図3-27 毛根と毛幹の構造

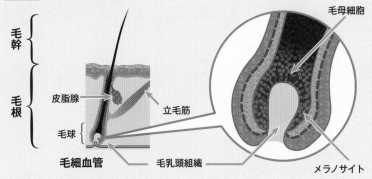

毛母細胞

毛幹

毛根

皮脂腺　立毛筋

毛球

毛細血管　毛乳頭組織

メラノサイト

図3-28 毛の構造

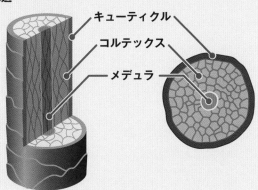

キューティクル

コルテックス

メデュラ

身の回りで最も回転数の多い機械

洗濯機は、洗剤を入れた水流の中で、モーターにより洗濯物をかき混ぜることで汚れを落としています。縦型洗濯機の場合には、洗う際に水の流れをひきおこすパルセーターを回すモーターと、洗濯したあと衣類を素早く乾燥させるために、含んでいる水を吹き飛ばすための脱水機用のモーターがあります。パルセーターを回すモーターは30～100rpm（revolution per minute／毎分回転数）ですが、パルセーターを速く回転させたからといって汚れの落ちがよくなるわけではありません。ある程度の回転速度で水流を効率よく作るのがポイントです。最適な回転数はパルセーターの形状と関係しています。一方で、脱水機のモーターは800～1000rpm、場合によっては1300rpmに達する製品もあります。脱水機は遠心力を使って水を分離するので、その回転数は高いほど効率的です。ただし、衣類にしわがよらないように工夫して回転させる必要があります。

モーターには直流モーターや交流モーターなどさまざまな形式があります。交流モーターの回転数は1500rpm前後ですが、模型などに使われる直流モーターは1万～2万rpmに達するものもあります。これらは減速用歯車を使って回転数を落とすことで、回転トルク（回転に必要な力のモーメント）を得ることを目的に、高い回転数を採用しています。

私たちの周囲にある回転機械の回転数は、「回転体の周速が音速を超えないこと」をひとつの上限にしています。音速を超えてもよいのですが、超える際に衝撃波が発生します。その衝撃波を受けることで、人間には突然大きな音が聞こえ、場合によっては衝撃波で周囲のものが破壊される場合も想定されます。周速は「半径×回転角速度」で算出できるので、音速以下で回転させることを考えると、半径が小さいほど回転数を大きくすることができます。社会一般で使われる回転体で最も高速

な回転体は、自動車のターボチャージャーだといわれてきました。自動車に詳しい方は理解できるのですが、少しマニアックな例かもしれません。

　身近な機械で最も高速な回転体は、おそらく歯医者さんが使う歯を削るドリルではないかと思います。あの「キーン」という高い音は必ずしも心地よい音ではありませんが、歯を効率よく削るために、最大30万rpmという高速で回転しているヤスリを使っています。最近は回転数が可変になっているのですが、これを回すためにタービンが使われていて、歯医者さんがペダルを踏むことで回転数を調節しています。

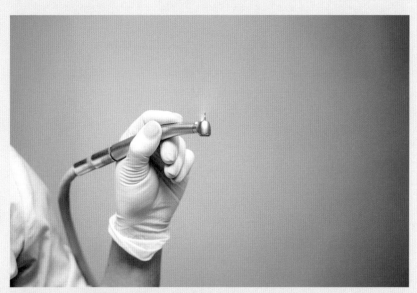

▼歯を削るドリルの回転数は、1分間で最大30万回にもなる。

117

パソコン・オーディオ・通信機器

この章では、少し切り口を変えて、パソコン・オーディオ・通信機器として使われる機械を紹介します。私たちが毎日使う家電製品の多くは、マイコンで制御されています。その制御のしくみについて、まず解説します。次に、音源メディアと外部記憶装置について、情報を保存するしくみを解説し、その後にイヤホン、電話を取り上げます。

また最近は、テレビ放送が衛星放送を導入することで大幅に変化していますので、その中身を紹介します。さらに身近な機械である携帯電話、カメラ、スマートウォッチについても解説します。

家電のマイコン制御

コンピュータの歴史

コンピュータは、1940年代にアメリカで開発されましたが、当初は部屋が一杯になるほどの大きなものでした。その後の技術開発により集積化・高速化が図られて、スーパーコンピュータなどが開発されましたが、一方でコンピュータの使用目的に応じたダウンサイジング（小型化）が進みました。今では、1枚の基板からなるワンボードコンピュータやひとつのチップで機能するコンピュータも実用化されています。

1944年	ハーバード大学とIBM社がMark Iを完成。
1946年	モークリーとエッカートが世界初の電子式コンピュータENIACを完成。 **写真1**
1951年	アメリカのペンシルバニア大学がプログラム内蔵型のEDVACを完成。
1952年	IBM社が最初の商用計算機IBM 701を発表。
1954年	富士通信機製造（現富士通）が日本初の実用リレー式計算機FACOM-100を完成。
1959年	日立製作所が初のトランジスタ式計算機HITAC 301を発表。
1969年	日立製作所が日本初のミニコンHITAC 10を完成。
1971年	インテル社が4ビット・マイクロプロセッサー4004を開発。
1972年	インテル社が8ビット・マイクロプロセッサー8008を開発。 **写真2**
1975年	ジェネラル・インストゥルメント社がPICマイコンを開発。

写真1 初期のコンピュータENIAC

アメリカのペンシルバニア大学で開発され、陸軍が使う大砲の弾道計算に利用された。

写真2 マイクロプロセッサー8008

この8ビットの製品後、マイクロプロセッサーは16ビット、32ビット、64ビットと開発が進む。

1976年	クレイリサーチ社がスーパーコンピュータCray-1を開発。
	日本電気がワンボードコンピュータTK-80を発売。 写真3
1982年	日本電気が16ビットパソコンPC-9801を発表。 写真4
1984年	GUIを導入したアップル社のMacintoshが日本で発売。
1992年	マイクロソフト社がWindows 3.1を発表。
1995年	マイクロソフト社がWindows 95を発表。
2002年	640台の並列計算機からなる「地球シミュレータ」の運用開始。
2010年	ルネサスエレクトロニクス社が設立。
2012年	英国ラズベリーパイ財団がワンボードコンピュータRaspberry Piを発売。 写真5
2021年	スーパーコンピュータ富岳が本格稼働。

写真3 **ワンボードコンピュータ TK-80**

8ビットパソコンのトレーニングキット。インテル8080と互換性のある日本電気のマイクロプロセッサーを搭載していた。

写真4 **日本電気 PC-9801**

日本のベストセラー機。その後、アップル社やマイクロソフト社の巧みな**GUI**に押されて衰退した。

GUIとは

GUI（Graphical User Interface）とは、コンピュータを動かすプログラム（ソフトウエア）を実行させる際に、ユーザーである人間がコンピュータ言語に応じた命令文を入力するのではなく、視覚的に理解しやすい絵やアイコンを使うインターフェースのことです。現在、WindowsやMacOSなど多くのOS（オペレーティングシステム／コンピュータを制御する基本プログラム）は、このGUIを採用しています。

写真5 **ワンボードコンピュータ Raspberry Pi**

世界中の子供たちが、コンピュータに実際に触れて勉強できるように開発された超小型のワンボードコンピュータ。

マイコン制御のしくみ

コンピュータは1940年代に開発された後、大型化するものもあれば小型化するものもあり、また多機能化するものもあれば単機能化するものもありと、用途に合わせて多様化しています。家電製品では高機能化、知能化が進み、多くの製品にコンピュータ（マイコン）が搭載されて、内部でさまざまな制御をおこなっています。

コンピュータの「用途別」の発展

コンピュータは、どの分野でも心臓部であるCPUの処理が速くなるのは歓迎されますが、大きいからよいという訳ではなく、利用分野ごとに適した形で発展しています。分野により多様化すると同時に、いわゆるダウンサイジング（小型化）により、大型コンピュータからワークステーション、さらにはパーソナルコンピュータ、ワンボードコンピュータへと情報技術の継承が図られています。

身近にある家電製品を制御するために、1枚の基板に必要な部品を搭載したワンボードコンピュータや、ひとつの部品（チップ）でコンピュータとして働くワンチップコンピュータが使用されます。

図4-1 コンピュータの用途別発展

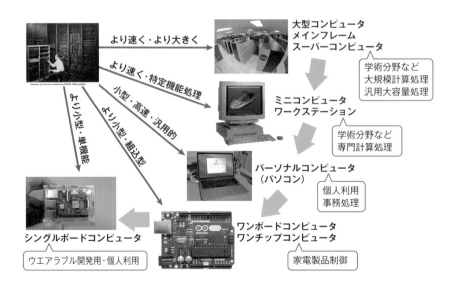

より速く・より大きく → 大型コンピュータ メインフレーム スーパーコンピュータ → 学術分野など 大規模計算処理 汎用大容量処理

より速く・特定機能処理

小型・高速・汎用的 → ミニコンピュータ ワークステーション → 学術分野など 専門計算処理

より小型・単機能

より小型・組込型 → パーソナルコンピュータ（パソコン） → 個人利用 事務処理

シングルボードコンピュータ → ウエアラブル開発用・個人利用

ワンボードコンピュータ ワンチップコンピュータ → 家電製品制御

コンピュータの基本要素

コンピュータは、演算を行う中央演算処理装置（Central Processing Unit:CPU）、プログラムやデータを保存しておく記憶装置（Read only Memory:ROM と Random access Memory:RAM）、さらにはデータや命令を入出力する装置（Input or Output:I/O）により基本的に構成され

ています。CPUは多くのトランジスターの集合体で、機能ごとに内部でまとまりを作って動いています。内部では、電圧を高くする場合（ON）と電圧を低くする場合（OFF）という2種類の信号で情報伝達をおこなうことから、数字の0（ゼロ）と1だけを使う2進数にあてはめて情報を表現します。

このコンピュータを目的に沿って動かすために、コンピュータへの命令文を順番に並べたものがプログラムです。人間の言葉はコンピュータには理解できませんので、コンピュータ専用の言語を使います。この言語は、人間が理解できるような文法に従って書かれていて、それをコンピュータが理解できる「機械語」に変換してコンピュータに入力することで、コンピュータを予定通りに動かすことができます。

図4-2 コンピュータの3要素

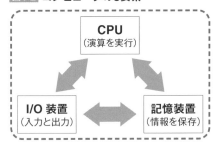

CPU
（演算を実行）

I/O 装置
（入力と出力）

記憶装置
（情報を保存）

PICK UP　マイコン制御とは

「マイコン」は和製英語で、マイクロコンピュータの省略語として使う人もいれば、マイ（自分の）コンピュータとしてパーソナルコンピュータと同義で使う人もいます。また、最近はマイクロコントローラーの略称として「マイコンMCU（Micro Controller Unit）」などとよばれ、ワンチップコンピュータの代わりに使われることもあります。電気製品で「マイコン制御」といえば、ワンボードコンピュータもし

くはワンチップコンピュータを用いたマイクロコントローラーによる制御のことを意味しています。

図4-3 マイクロコントローラー

炊飯器のマイコン制御

炊飯器内部の制御基板について、一例を下の図に示します。この例では、炊飯器の主操作に関する制御とタッチキーの制御との2枚の基板が使われていますが、各種センサーからの情報を取り入れて、多くの部品との制御信号のやりとりをしています。きめ細かい制御をおこなうためには、状況を把握するためのセンサーが重要な役割をもち、センサーからの情報に基づいて制御基板から各部に信号が送り出されます。炊飯器では誘導加熱コイル（→28ページ：IHクッキングヒーター）により熱せられた釜の圧力センサーおよび温度センサーが主役ですが、そのほかにスチーム、ファンモーター、胴ヒーターと蓋ヒーターを機能させる電流センサーも、おいしいご飯を炊き上げるために大切です。

図4-4 IH炊飯器のマイコン制御の概要

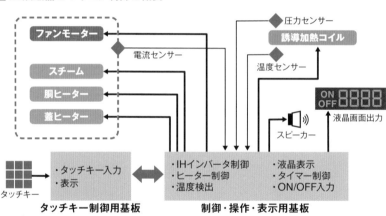

図4-5 マイコンの役割の例

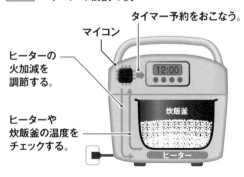

炊飯器の操作パネル。この裏に、マイコンが搭載されている。

洗濯機のマイコン制御

洗濯機のマイコン制御の一例を下の図に示します。洗濯機では基本的には、給水→洗い→排水→すすぎ→脱水の手順で進めます（→92ページ：洗濯機）。洗濯機のマイコンはこの手順で作業を進めることに加えて、洗濯物の分量、洗う衣服の布質、汚れ具合、すすぎ具合などを各種のセンサーで検知し、状況に合わせた制御をおこなっています。センサーの数や種類はメーカーや価格によって大きく異なりますが、便利さを売り物にする洗濯機ほど数多くのセンサーを搭載しています。

例えば、使用する水の硬度によって洗剤の量を調整しますが、水の硬度は電気抵抗を測るセンサーで検知します。洗濯物の布質についても判断できる洗濯機が開発されていて、これは洗濯物が含む水分量を水位センサーで検知したり、洗濯を開始する際のパルセーターの抵抗力などを測定して判断しています。また、汚れ具合やすすぎ具合は、光センサーにより洗濯水の光の透過率を測定することによって判断しています。さらに、鉛直・水平・奥行きの3軸方向を同時に測定できる加速度センサーによって、洗濯機の各部分の振動の大きさを検知して、必要に応じて洗濯物の片寄りを修正したり、場合によってはアラームを出して停止することもできます。

第**4**章 パソコン・オーディオ・通信機器

図4-6 洗濯機のマイコン制御の概要

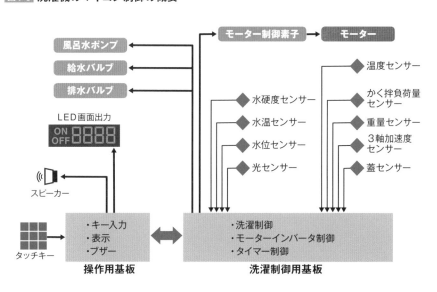

125

冷蔵庫のマイコン制御

下の図に冷蔵庫のマイコン制御の一例を示します。冷蔵庫にとって最も大切なのは、庫内の温度をセンサーで把握してコンプレッサーの稼働を制御し、冷蔵庫内部の食品などの保存期間を延ばすことにあります（→10ページ：冷蔵庫）。マイコン制御ではこれらの基本的動作の実行に加えて、庫内の温度を一定に保つためにファンの動作を制御し、製氷機で氷を作ったり、霜を取り除く信号を出したりします。

また、マイコンはダンパーという部品も制御しています。ダンパーは、冷凍庫から冷気を冷蔵室に流す役割を担っている部品です。冷凍庫の霜は徐霜ヒーターで溶かすのですが、ダンパーもヒーターで温めることで冷気を常に流して、庫内の温度環境を一定に保っているのです。

最近は、庫内に腐敗が始まった食品などがあると警告を出したり、庫内の食品の収納状況をスマホで確認できたりするようなシステムも搭載された製品があり、この機能もマイコンが制御しています。

図4-7 冷蔵庫のマイコン制御の概要

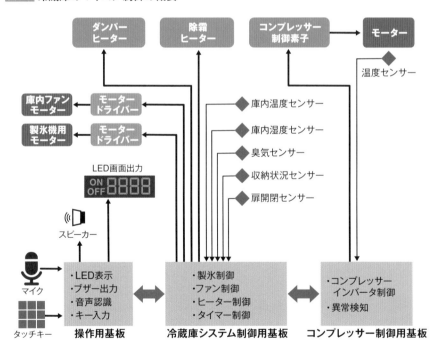

エアコンのマイコン制御

　下の図に、エアコンのマイコン制御の一例を示します。現在普及しているエアコンは室内機と室外機に分かれ、しかも室内機を離れた場所から制御できるリモコンがついています（→54ページ：エアコン）。

　室内機や室外機、そしてリモコンのそれぞれに制御用基板が搭載されていて、各機器の制御をおこなっています。エアコンの操作は手元のリモコンでおこなうので、何となく制御をすべてリモコンでおこなっているような錯覚すら覚えますが、室内機および室外機の内部に制御用基板があって、リモコンの制御用基板と無線・有線で情報を共有して、室内機と室外機を連携させながら制御しているのです。

　室内機のマイコンは、温度や湿度のセンサーからの情報を受けて、風向きを変えたり風量の制御をおこなったりしています。一方、室外機は外気の環境をセンサーで把握し、同時に室内機からの要請を受けてコンプレッサーの制御をおこなっています。

図4-8 エアコンの室内機に
搭載されているマイコン

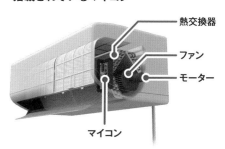

図4-9 エアコンの室内機に搭載されているマイコン

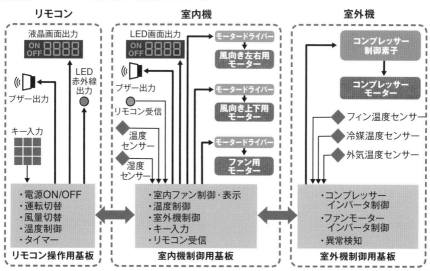

音源メディア

音源メディアの歴史

音源メディアは、かつてはアナログレコード、オープンリールテープ、カセットテープなどが主流で、特にLPレコードはアナログメディアの代表でした。1980年代に入ってコンパクトディスク（CD）が登場し、メディアはアナログ録音からデジタル録音へと移行しました。その流れの中で、半導体への録音、音のデータ圧縮技術など、メディアの小型化、大容量化が進んでいます。音源メディアは音楽鑑賞の文化そのものを大きく変化させています。

1887年	アメリカで円盤レコードを再生するグラモフォンが登場。 写真1
1934年	ドイツのBASFが世界初のオープンリール磁気テープを開発。
1948年	アメリカのコロンビア社がLP（Long Playing）レコードを発売。
1949年	アメリカのRCAビクター社がEP（Extended Playing）レコードを発売。
1958年	アメリカのRCAビクター社が磁気テープをカートリッジに小型化。
	オランダのフィリップス社がコンパクトカセットを開発。
1965年	アイワが国産初のフィリップスタイプ・カセットテープレコーダーを発売。 写真2
1966年	日立マクセルが国産初のコンパクトカセットを商品化。
1979年	ソニーが世界で初めて音楽を持ち歩くスタイルを実現した、ポータブルステレオカセットプレーヤー「ウォークマン」を発売。 写真3

写真1 グラモフォン

エミール・ベルリナーにより発明された円盤式蓄音機。後に音源メディアとして標準規格化された。

写真2 フィリップスタイプ・カセットテープレコーダー AIWA TP-707P

コンパクトカセットは、カセットレコーダーとともに若者の音楽文化に定着した。

1982年	ソニーとオランダのフィリップス社が世界初のコンパクトディスク（CD）を発売。
	ソニー、日立、日本コロムビアがCDプレーヤーを発売。 写真4
1992年	ソニーが世界初のミニディスク（MD）およびMDレコーダー/プレーヤーを発売。
1995年	音楽の圧縮ファイル形式であるMP3が発表。
1999年	ソニーとフィリップス社がスーパーオーディオCDを規格化。
2001年	アップル社がiPod（MP3プレーヤー）を発売。 写真5
2007年	アップル社がiPhoneを発売（携帯電話とMP3プレーヤーの融合）。
	ストリーミングサービスを利用した定額制音楽配信サービスが開始。
2014年	電子情報技術産業協会（JEITA）がハイレゾリューション（ハイレゾ）の呼称と定義を周知。
2015年	イギリスのメリディアン社が圧縮技術としてMQA（Master Quality Authenticated）技術を提唱。

写真3 「ウォークマン」ソニー TPS-L2

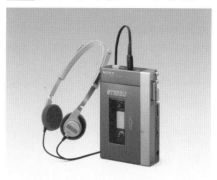

この機種に初めてステレオミニプラグが搭載された。ソニーがその特許技術を独占せず、他のメーカーに類似製品の発売を促したことから海外でも受け入れられ、世界的に流行した。

写真4 世界初の CD プレーヤー

CDをきっかけに、音楽はアナログからデジタルの時代へと移り変わっていった。

写真5 iPod

アップル社は、iPodの発売によって音楽業界に参入。音楽ファイル管理ソフトiTunesとの組み合わせにより、短時間で音楽データの転送が可能になった。

音と録音のしくみ

音は空気中を伝わる波で（→144ページ：イヤホン）、波の周波数が低いと音は低くなり、周波数が高いと高い音になります。また波の振幅が大きいと音は大きくなります。音源には、さまざまな周波数と振幅をもった音が含まれています。これを録音する方法は、かつてはアナログ録音でしたが、現在ではデジタル録音が主流になっています。

身体と音との関係

　人は一般的には20～2万Hz（20kHz）の音を聞くことができるといわれ、これを可聴域といいます。一方で、20kHz以上の音は超音波とよばれています。病院で超音波を使って治療していることを考えれば、超音波を耳で聞くことはできないのですが、超音波は身体に影響を与えることがわかります。また、音波の振幅が同一でも人には大きく聞こえたり小さく聞こえたりする場合があります。これは3kHz前後に外耳道の共鳴周波数があり、この近くの音は音波の振幅が小さくても、人には大きく聞こえるのです。

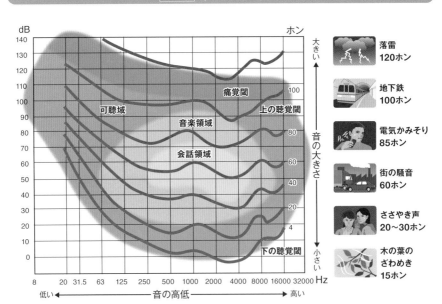

図4-10 等ラウドネス曲線

アナログ信号を
デジタル信号に変換

アナログ信号では、音源メディアを再生したり複製したりすると、雑音が加わったり、正確な音が再現できないなどの音の劣化が問題となりました。そこでデジタル信号で音を表現する方法が考案されました。デジタル信号は数値で表現されるので、基本的には音が劣化することはありません。

まず音は、ある長さの時間に区切って（標本化）、波の振幅を数値化（量子化）することによってデジタル化します。標本化はサンプリング周波数という数値で表現され、通常の音楽CDの場合は44.1kHz（= 0.226ミリ秒）が使われます。これは可聴上限域20kHzの約2倍に当たります。量子化には、通常は16ビット（6万5536段階、→139ページ）が使われています。サンプリング周波数が高いほど、また量子化のビット数が大きいほど、より細やかな録音ができることになりますが、一方で記録するファイルのサイズが大きくなります。

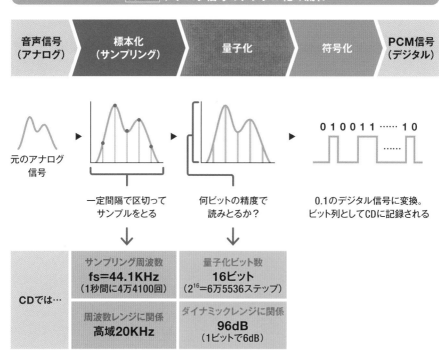

図4-11 アナログ信号のデジタル化の流れ

| 音声信号（アナログ） | 標本化（サンプリング） | 量子化 | 符号化 | PCM信号（デジタル） |

元のアナログ信号

一定間隔で区切ってサンプルをとる

何ビットの精度で読みとるか？

0 1 0 0 1 1 …… 1 0

0.1のデジタル信号に変換。ビット列としてCDに記録される

CDでは…

| サンプリング周波数 fs=44.1KHz（1秒間に4万4100回） | 量子化ビット数 16ビット（2^{16}=6万5536ステップ） |
| 周波数レンジに関係 高域20KHz | ダイナミックレンジに関係 96dB（1ビットで6dB） |

出典：PHILE WEB　林正儀のオーディオ講座「第22回：サンプリング周波数、量子化ビット数、クロックって？」PCM化の流れ
https://www.phileweb.com/magazine/audio-course/archives/2008/04/24.html

音源メディアのしくみ

音源メディアとしては、レコード、テープ、**CD**、**MD**、**DVD**、半導体などがあります。静かに回るレコード盤は、室内で音楽を聴く豊かな雰囲気をかもしだすので、現在でも多くのファンがいます。一方で、**CD**に始まるデジタル音楽は、何回聴いても音の劣化を気にする必要がなく、また小型化したことで、音楽を楽しむ場を広げました。

レコード

1980年代までは、音楽の音源といえばレコードでしかありませんでした。レコードには外側から内側に向かって、渦巻き状に細かい溝が切ってあります。その溝にレコード針を置いて、レコードを回転させながら針の小さな動きを電気信号に変換し、その信号を増幅して音楽を再生します。この溝は45°のV字型に掘られていて、左右のギザギザが右チャンネルと左チャンネルのステレオ音の特性をアナログ的に表現しています。

レコードには、SP（Standard Playing）、LP（Long Playing）、EP（Extended Playing）などの種類があります。一般に流通したLPレコード片面の収録時間が30分ほどでした。しかし、樹脂でできたレコードの溝を針の先端についたダイヤモンドでなぞるので、レコードの溝がしだいに摩耗して、音楽に雑音が混じるようになるという課題がありました。

図4-12 レコードの針と溝（拡大図）

図4-13 レコード盤とレコードプレーヤー

図4-14 レコードの溝のようす

溝の右側と左側には、それぞれ右チャンネルと左チャンネルの音が記録されている。溝の右側と左側は互いに直角なので、右チャンネルと左チャンネルの音を干渉することなく拾い出すことができる。

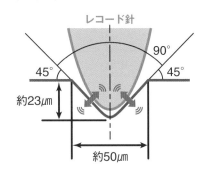

レコード針

90°

45° 45°

約23μm

約50μm

コンパクトカセット

コンパクトカセットはアナログ形式で録音する磁気テープを小型の箱に収めたものです。開発したオランダのフィリップス社が、コンパクトカセットの規格厳守を条件に基本特許を無償公開したことによって多くのメーカーが生産し、その規格が世界標準になりました。ケースの寸法は100×63.8×12mm、テープ幅は3.81mm（0.15インチ）、テープの送り速度は毎秒4.76cmとなっています。磁気テープは中央の0.66mmは使わずに、その両側各1.54mmをＡ面およびＢ面の録音用トラックとして利用しています。

さらに、ステレオ録音の場合は各トラックの中央0.3mmを使わず、その両側の各0.61mmを左右のチャンネルの録音に当てています。モノラル録音の場合は各トラックを内部で分けず、各トラックの幅が同じになり共通の磁気ヘッドを使うことができるので、モノラルとステレオの再現に互換性があります。

図4-15 コンパクトカセットの外観

図4-16 ステレオ録音時のテープ表面

上の2本のラインがＡ面のトラックの左右のチャンネル、下の2本がＢ面のトラックの左右のチャンネルとなっている。Ｂ面を使用するときには、カセットの裏表を入れ替える。

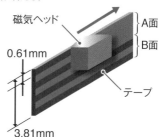

PICK UP 「ウォークマン」の登場

1979年にソニーが発売した「ウォークマン」は、単にレコードからカセットテープという音楽の音源メディアを置き換えただけではなく、音を楽しむという文化を世界的に一変させました。それまでは音楽を聴く場所は室内空間に限定されていたのですが、「ウォークマン」の登場で、歩きながらでも、電車の中でも音楽を一人で聴けるというスタイルが、特に若者に受け入れられました。

コンパクトディスク

コンパクトディスク（Compact Disk：CD）は、音楽をデジタル信号として録音・再生する音源メディアとして、日本のソニーとオランダのフィリップス社が共同開発しました。レーザー光を使って再生する光ディスクの一種です。CDに音楽を記録する規格はCD-DA（CD-Digital Audio）により定められていますが、音楽だけではなくコンピュータのデータ記録などにも利用されています（→140ページ）。

CDには直径が12cmと8cmの2種類があり、厚さは1.2mmです。アルミニウムなどの金属薄膜を保護層と樹脂層で挟み込む3層構造になっており、デジタル情報を金属薄膜にピットとよばれる「くぼみ形状」として記録しています。くぼみ以外の部分はランドといいます。樹脂層側から波長780nmの赤外線レーザー光を照射し、くぼみ部分からの反射はランドからの反射波と干渉して暗くなり、くぼみ以外の部分ではそのまま反射されるので、その違いを0と1に置き換えています。

図4-17 **CD-DAのロゴマーク**

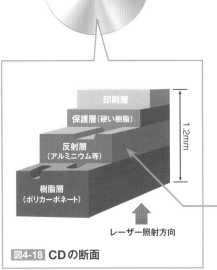

図4-18 **CDの断面**

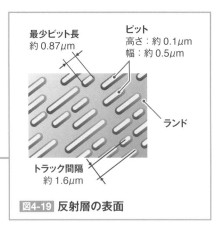

図4-19 **反射層の表面**

圧縮ファイル形式MP3

MP3（エム・ピー・スリー）は「.mp3」というファイル拡張子で区別される、音楽の圧縮ファイル形式のひとつです。音のデータをすべての周波数域についてデジタルで記録すれば、実際に近い音が再現できるのですが、人間の聴覚はすべてを聞き取っている訳でもありません。そこで、あまり聞き取ることのできない領域の音を故意に省くことによって、ファイルの容量を小さくすることができます。この操作を「圧縮」と呼んでいます。MP3は正式には「MPEG-1 Audio Layer-3」の略称で、ドイツのフラウンホーファー集積回路研究所で1991年に発明され、1995年に.mp3という拡張子をつけて発表されました。その後、パソコンの普及の波に乗って、音楽用CDからパソコンのHDDに取り込む形式として広く普及しました。さらにMP3の音楽用途の評価が高まるにつれ、MP3形式ファイルに対応した携帯型音楽プレーヤーが次々と発売され、1万曲以上の音楽を持ち歩いて自由に楽しむことができるようになりました。

図4-20 ハイレゾ対応 MP3プレーヤー

本体に保存した音楽を再生するだけではなく、パソコンからブルートゥースを使って取り込んで聴くこともできるし、また音楽ストリーミング機能をもった機種もある。

PICK UP 音の奥深さ

ハイレゾ（ハイレゾリューション）音源は、サンプリング周波数を96〜192kHz、量子化ビットを24ビット（1677万7216段階）に設定していて、50〜100kHz近くの音まで録音できるようになっています。本来は再生しても聞こえる音域ではないのですが、ハイレゾ音源に対応するオーディオ機器で音楽を再現すると、豊かな音がすると評価されています。一方で、20Hz以下の音を聴き続けると体調を崩す人もいて、この場合は低周波騒音とよばれます。人の感覚器の問題なので、これらを科学的に説明することは現在は困難かもしれません。

2020年にはアメリカではアナログレコードの売り上げがCDの売り上げを上回ったといわれていて、音楽に関してアナログへの回帰がみられます。音楽を鑑賞する際には周囲の雰囲気が影響するといわれ、レコードが静かに回る中で聴く音楽の楽しみ方はファンからの根強い支持を集めています。

外部記憶装置

外部記憶装置の歴史

デジタルトランスフォーメーション（DX）を推し進めて、私たちの周囲にある情報が次々とデジタル化されるのに伴って、そのデータ量がこれまで考えられないほど大きくなりつつあります。身近なパソコン用として、手軽に情報を読み書きできるさまざまな方式の記憶装置が開発されると同時に、長期間にわたり大量のデータを記録しておく新しいメディアも開発されています。

1951年	UNIVAC-Iに記憶メディアとして磁気テープが利用される。
1952年	IBMが磁気テープユニットを発表。 写真1
1956年	IBMが磁気ディスク装置「IBM RAMAC 305」を開発。
1971年	IBMがメインフレーム用の8インチFD（128KB）を開発。
	アメリカのハネウエル社がMOディスクを試作。
1973年	IBMがHD「IBM3340」を開発。
1978年	アメリカのシュガート・アソシエイツ社が5.25インチFDを開発。
1980年	アメリカのシーゲート・テクノロジー社が5.25インチHDを開発。
	ソニーが3.5インチFDを開発。ISO規格となる。 写真2
1982年	ソニーとフィリップス社が音楽用CDを発売。
1983年	日立、東芝、富士通がパソコン用5.25インチHDを発売。

写真1 「Model726」テープユニット

読み書きの速度は1万2500digits/s（1秒間に1万2500桁）。1/2インチの幅のテープが7トラックに分割されていた。

写真2 3.5インチFD

ソニーが開発した3.5インチFD。マイクロフロッピーディスクともよばれた。

1984年	IBMがカートリッジテープを開発。 写真3
	東芝がフラッシュメモリを開発。
1985年	NECが3.5インチHDを発売。
1988年	太陽誘電がCD-Rを開発。
1989年	国内各社が3.5インチMOディスクを発売。 写真4
1990年	東芝が2.5インチHDを発売。
1994年	アメリカのアイオメガ社が磁気ディスク「ZIP」を発売。 写真5
1996年	国内各社がパソコン用CD-Rドライブを商品化。
	USB1.0規格（転送速度12Mbps）が策定される。
1998年	IBMがテープライブラリシステム「IBM 3590E」（40GB）を開発。
2000年	USB2.0規格（転送速度480Mbps）が策定される。
	磁気テープの規格である第1世代のLTO（100GB）が発表。
2003年	ソニーがブルーレイディスクを発売。
2004年	日立超LSIシステムズがフラッシュメモリドライブを発表。
2008年	USB3.0規格（転送速度5Gbps）が策定される。
2017年	第8世代のLTO（12TB）が発表。
2019年	USB4規格（転送速度40Gbps）が策定される。

写真3
カートリッジテープ「IBM 3480」

4×5インチの四角いカートリッジを採用した。1カートリッジの容量は200MB。

写真4 **3.5インチMOディスク**

光磁気ディスクともよばれ、赤色レーザー光と磁場を用いて記録・再生をおこなう。容量は128MB、230MB、540MB、640MB、1.3GB、2.3GBだった。

写真5 **リムーバブル磁気ディスク「ZIP」**

容量は100MB、250MB、750MB、2GBだった。パワーマッキントッシュに標準で装備された。

外部記憶装置の種類としくみ

外部記憶装置には、大容量で長期間にわたって記憶できる磁気テープのほか、私たちにとって身近なCDやDVD、ハードディスク（HD）、フラッシュメモリなどがあります。記憶容量が大きくなるにしたがい、その転送速度が課題となり、磁気テープではLTO規格が更新され、また、各種のUSB対応機器では、USB規格の更新により端子形状も変化しています。

磁気テープ

　磁気テープは70年以上前に開発されましたが、大容量で長期間の保存が必要なデータやアーカイブ分野のために、現在も技術開発が進められています。2000年に統一規格としてのLTO-1に対応する製品が出荷され、2018年にはLTO-8規格に対応する製品が開発されました。テープカートリッジを収納棚から磁気テープ装置に自動装填して記録・再生するシステムは「磁気テープライブラリ」とよばれ、現在では、数百台の磁気テープ装置と10万巻のカートリッジテープを備えたシステムが稼働しています。

　磁気テープは、カートリッジの体積を変えずにテープを薄くすることでテープを長くして、また、トラック数を増やすことで記憶容量を大きくしています。さらに、読み書きのテープヘッドのチャンネル数を増やすことにより転送速度を大きくできます。テープの幅は1/2インチの12.7mmで、開発当初から変更はありません。LTO-7規格では厚さを5μm、トラック数を3584本とすることにより、記憶容量6TBを達成しました。また、ヘッドチャンネル数は32チャンネルとなっています。

図4-21 磁気テープのしくみ（LTO-7規格の例）

LTO……Linear Tape-Openという名称の磁気テープに関する統一規格。

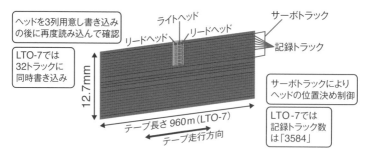

ヘッドを3列用意し書き込みの後に再度読み込んで確認

LTO-7では32トラックに同時書き込み

ライトヘッド
リードヘッド
リードヘッド

サーボトラック
記録トラック

サーボトラックによりヘッドの位置決め制御

LTO-7では記録トラック数は「3584」

12.7mm

テープ長さ 960m（LTO-7）

テープ走行方向

フロッピーディスク

フロッピーディスク（FD）は、フロッピーディスクドライブ（FDD）とよばれる装置に出し入れして扱う記憶メディアで、磁気ディスクの一種です。厚さ75μmのポリエチレン製の薄い円盤に、厚さ1.5～1.9μmの磁性体粉末をコーディングしたもので、直径が8インチ、5インチ、3.5インチの製品が主に出回りました。円盤が薄くてペラペラしているのでフロッピー（floppy）と名付けられました。

8インチは外付けのFDDが必要でしたが、5インチおよび3.5インチはパソコンの本体にFDDが組み込まれていることが多く、特に3.5インチFDは1980～1990年代にかけて幅広く使用されました。3.5インチは記録密度に

より2DDと2HDという2つの規格がありましたが、2HD規格では1枚当たり1.4MBの記憶容量をもっていました。その後、CDやDVD等の記録媒体が登場すると、2000年頃から次第に使われなくなりました。

図4-22
3.5インチフロッピーディスクの構造

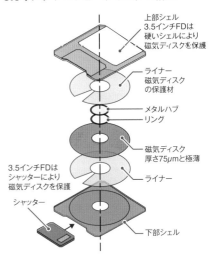

上部シェル
3.5インチFDは硬いシェルにより磁気ディスクを保護

ライナー
磁気ディスクの保護材

メタルハブ
リング

磁気ディスク
厚さ75μmと極薄

3.5インチFDはシャッターにより磁気ディスクを保護

ライナー

シャッター

下部シェル

PICK UP ビットとバイト

デジタル信号を表現するための数値には、2進数が使われています。これは、コンピュータが2進数計算を得意とするというより、電圧がOFFの状態を0、ONの状態を1と定義することで数値の切り替えを明確にできることから採用されました。

ビット（bit）とは、ONとOFFの状態に対応する数値（0または1）を指します。通

常は、8ビットをまとめて1バイト（byte）として扱います。8ビット（1バイト）は、0と1の数値が8桁並んだもので、2^8（2の8乗）＝256通りの数値や文字を割り当てて表現できます。16ビットならば2^{16}（2の16乗）通り、32ビットならば2^{32}（2の32乗）通りの数値や文字を表現できることになります。

⚙ CD・DVDのしくみ

CD は Compact Disk、DVD は Digital Versatile Diskの頭文字をとったものです。DVDを直訳すると「デジタル多目的ディスク」ということになります。

CDやDVDでは、レーザー光を使って記録・再生する光ディスク方式が用いられています、光ディスク方式とは、基板の表面に細かいピット（凹み）をつけたり、レーザ光線で有機色素の記録層を変形変質させたりしてマークを記録する方式です。読み取るときには、

レーザ光をディスクの記録面に当て、反射してくる光の強弱でデータを読み取ります。この方式は、読み書きのための部品がディスクに接触しないので耐久性がよく、レーザー光の焦点を絞って微細な変化を読み取ることができるので大容量であることが特長です。

ただし、CDは700MB、DVDは4.7GMと記憶容量に差があります。ディスクサイズは同じですが、DVDの場合はレーザー光の波長を短くし、さらにピットサイズを小さくすることでピットの密度を高くしているため、より多くのデータを記憶することができるのです。

図4-23 CDとDVDとの違い

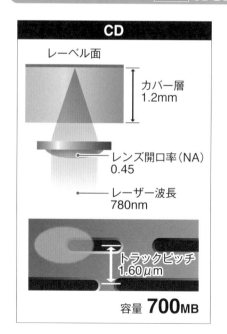

CD

レーベル面

カバー層 1.2mm

レンズ開口率（NA）0.45

レーザー波長 780nm

トラックピッチ 1.60μm

容量 **700**MB

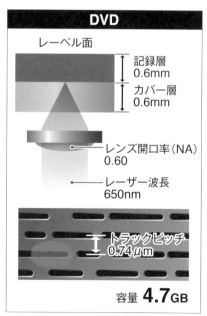

DVD

レーベル面

記録層 0.6mm

カバー層 0.6mm

レンズ開口率（NA）0.60

レーザー波長 650nm

トラックピッチ 0.74μm

容量 **4.7**GB

ハードディスク（HD）の しくみ

ハードディスクには、プラッタとよ ばれる鏡面のような磁気ディスクが複 数枚入っています。このプラッタが、 スピンドルモーターにより一定速度で 回転しています。磁気ディスクの直径 により、5インチ、3.5インチ、1.8イン チなどの種類があります。また回転数 は、7200、1万、1万5000 rpmなどの 製品があり、コンピュータ本体への接 続規格により異なっています。

スイングアームの先端に取り付けら れた磁気ヘッドが、プラッタに情報を 書き込んだり、読み込んだりします。 磁気ヘッドは、プラッタを傷つけない ように、プラッタの表面から空気を介

してわずかに浮いています。スイング アームはアクチュエータにより根元を 中心に回転し、プラッタの半径方向に 瞬時に移動します。

なお、ハードディスクの蓋は特殊な ねじで固定してありますので、通常は 開けることができません。ねじを外し て開けると、内部の情報は壊れてしま う恐れがあります。

図4-24
内蔵型ハード ディスクの外観

ハードディスクには、 パソコン本体に内蔵 されている内蔵タイ プと、USBケーブル などで接続する外付 けタイプがある。

図4-25 ハードディスクのしくみ

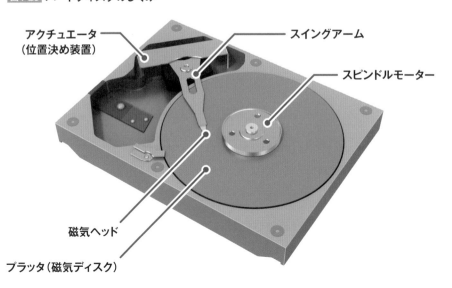

アクチュエータ （位置決め装置）

スイングアーム

スピンドルモーター

磁気ヘッド

プラッタ（磁気ディスク）

磁気テープとハードディスクのデータ転送速度は、ほかの媒体と比較して速いという特長があります。ただし、磁気テープはセットして読み込み始めるまでのアクセス時間が、ほかの媒体と比較しても数十秒程度長く必要です。

図4-26 各種記録媒体のデータ転送速度の比較

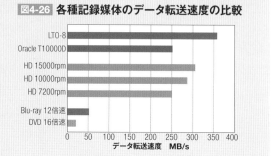

フラッシュメモリ

パソコンやデジタルカメラなどで使われるコンパクトフラッシュ、SDメモリ、USBメモリ、ソリッドステートドライブ（SSD）などの記録媒体は、半導体を用いたフラッシュメモリが用いられています。

フラッシュメモリは、東芝の舛岡富士雄氏らが開発して、1984年に発表されました。光のフラッシュのように瞬時に消すことができることが名前の由来です。電気的一括消去と電気的書き込みをおこなうことができ、データの書き換えが可能なこと、電源を切った後もデータ保持できることの2つの機能を併せ持った「不揮発性」とよばれる半導体メモリです。特長としては、小型・軽量で消費電力が少なく、駆動音がなく、速いアクセススピードを持つことなどがあげられます。

しかし、データの書き込みや消去をおこなうと内部で使われている「トンネル酸化絶縁膜」という特殊な膜が徐々に劣化して、おおよそ1万回程度の書き込みと消去で寿命を迎えてしまいます。また、フラッシュメモリは電源を長い間入れないと情報が消える恐れがありますので注意が必要です。

図4-27 主なフラッシュメモリ

コンパクトフラッシュ　　SDメモリ　　USBメモリ　　ソリッドステートドライブ（SSD）

さまざまなタイプがある USB

USBファン、USBメモリやUSB接続ハードディスクなど、「USB」は多くの機器の名称とともに使われています。このUSB（Universal Serial Bus）は、さまざまな周辺機器をコンピュータ本体へ接続するための規格のひとつを表しています。特長は、接続する機器を動作するための電力がUSBを通じて供給できること、データの送受信中でなければケーブルの抜き差しができること、ポートが足りなくてもUSBハブなどを利用してポートを追加できることなどがあります。

USBにはさまざまなバージョンがあり、バージョンが上がるほど転送速度が速くなっています。2022年には、USB4 version2が策定されました。また、USBのコネクターはType-AからType-Cまで使われていて、それぞれ形状が異なっています。この規格は「USB Implementers Forum（USB IF）」で策定されており、Webサイトでは、規格に関する情報が公開されています。

図4-28 主なUSB規格の特徴

主な規格名	発表年	最大転送速度	対応端子
USB 2.0	2000年	480 Mbps	Type-A, Type-B
USB 3.2 Gen1x1	2008年	5 Gbps	Type-A, Type-B, Type-C
USB 3.2 Gen1x2	2013年	10 Gbps	Type-C
USB 3.2 Gen2x1	2017年	10 Gbps	Type-C
USB 3.2 Gen2x2	2017年	20 Gbps	Type-A, Type-B, Type-C
USB 4 version1	2019年	20 Gbps	Type-C
USB 4 version1	2019年	40 Gbps	Type-C
USB 4 version2	2022年	80 Gbps	Type-C

図4-29 主なUSB端子の形状

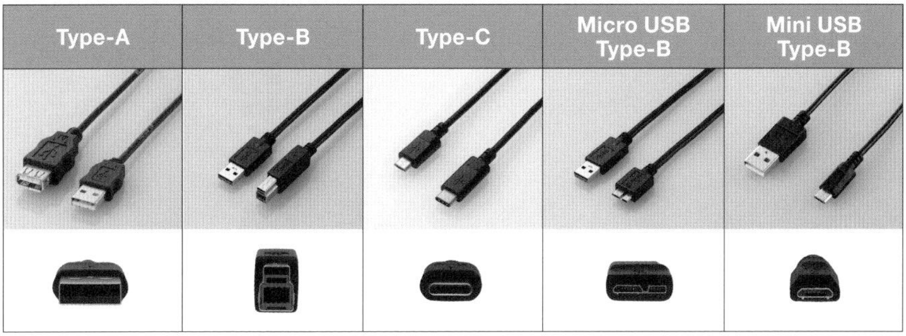

Type-A	Type-B	Type-C	Micro USB Type-B	Mini USB Type-B

※同じ端子の名称でも、規格やバージョンにより形状が異なる場合がある。

143

イヤホン

イヤホン・ヘッドホンの歴史

イヤホンやヘッドホンは、現在では個人が音楽を聴いて楽しむための道具ですが、もともとは電話交換手が相手の声を聞き取るために開発されました。その後、騒音の中でも礼拝の説教が聞こえるようにするためのレシーバが、アメリカ海軍の通信手段として使われ、本格的に音楽用として使われるのは戦後になってからでした。さらに、軽量なイヤホンが音楽鑑賞用として本格的に使われるようになったのは1980年前後になります。

1880年代	アメリカで電話交換手用のヘッドホンが開発。 写真1
1891年	フランスでインナーイヤ型のヘッドホンが発明。
1910年	アメリカのナタニエル・ボールドウィンがヘッドホンを考案。海軍が通信手段のひとつに採用。
1958年	アメリカのジョン・コスが音楽用ステレオヘッドホンを開発。 写真2
1960年代	最初のワイヤレスヘッドホンの登場（ラジオヘッドホン）。
1979年	ソニーの「ウォークマン」が発売。ヘッドホンが必需品となる。
1986年	アメリカのボーズ社がノイズキャンセル型ヘッドホンを試作。
1992年	ソニーが世界初の民生用アナログノイズキャンセリング・ヘッドホンを発売。 写真3
1999年	スウェーデンのエリクソン社を中心にブルートゥースが公開。
2017年	アップルがAirPodsを発売。 写真4

写真1 **1911年頃のアメリカの電話交換手**

当てるのは片耳のみで、ヘッドホンというより、インターカム用ヘッドセットのような形をしていた。

写真2 **世界初の音楽用ヘッドホン　SP3**

KOSSにより生演奏の興奮を再現することを目標に開発された。現在のヘッドホンと形状は変わらない。

写真3 世界初の民生用ノイズキャンセリング・ヘッドホン

ノイズキャンセリング機能を搭載した「MDR-5700」は、旅客機の客室用として提供された。

写真4 アップル社の AirPods

世界中で爆発的に流行したワイヤレスイヤホン。重量は片側で4g、1回の充電で6時間の再生が可能。

PICK UP 通信手段としてのブルートゥース

ブルートゥース（Bluetooth）という言葉を耳にした方は多いと思いますが、これは2.4GHz帯の無線周波数を利用した近距離通信規格のひとつです。免許がいらず、誰でも手軽に使うことができます。いろいろな機器の間に通信ネットワークを構築することができ、消費電力が低く小型化できるのが特徴です。また、一度ペアリングすると記憶され、あとは電源を入れるだけで接続することができます。

1990年代に通信規格が乱立していて、それらを統一する規格として登場しました。10世紀にデンマークとノルウェーを無血統一したハラルド・ブロタンという王様の名前を英語に音訳したのが「Blue Tooth」です。その名前に由来して、開発したエリクソン社の技術者が名付けたといわれています。

1994年に規格の開発をはじめ、1998年にBluetooth SIGという運用団体を結成し、1999年に一般公開されました。その後、バージョンを重ねて機能更新が図られ、2021年7月にver.5.3となる技術規格が公表されています。

機能更新とは別に、ブルートゥースは電波強度により届く距離が異なる仕様となっていて、クラス1～3に分類されています。なお、ブルートゥースは一般的には無料で利用することができますが、直接インターネットとは接続できません。

電波の届く距離

クラス	電波の届く距離
1	100m以内
2	10m以内
3	1m以内

音を耳で聴くしくみ

　音は、空気の圧力を変化させることで音源から発せられて、空気中を圧力の高い部分と低い部分を繰り返す「疎密波（そみつは）」として伝わります。その波が耳介（耳たぶ）で集められた後、外耳道を伝わって中耳にある鼓膜を揺らし、さらに鼓膜の内側にある3つの耳小骨で増幅されて内耳に伝わります。内耳の中はリンパ液という液体で満たされていて、蝸牛管（かぎゅうかん）というカタツムリのような形をした器官があります。耳小骨から蝸牛管に伝わった音波は、その内部にある有毛細胞を揺らすことで、電気信号に変換されます。この電気信号が、聴神経を通って脳の聴覚野とよばれる部分に到達することで、人は音を認識することになります。

図4-30 疎密波として伝わる音の波

音は疎密波として空気中を伝播する

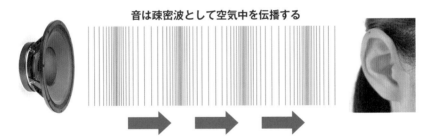

図4-31 耳の構造

耳の内部は、右図のような構造になっている。音の波は、外耳道→鼓膜→ツチ骨→キヌタ骨→アブミ骨→蝸牛管へと伝わり、蝸牛管の内部で電気信号に変換される。

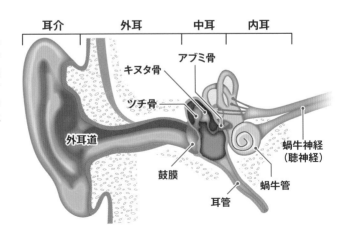

耳介　外耳　中耳　内耳

アブミ骨
キヌタ骨
ツチ骨
外耳道
蝸牛神経
（聴神経）
鼓膜
蝸牛管
耳管

イヤホンのしくみ

イヤホンは基本的構造として、音源につながる「ハウジング」、音の発生ユニットである「ドライバー（→148ページ）」、耳に差し込む「イヤピース」の3つの部品から成り立っています。イヤホンは、喧噪（けんそう）をはなれて音楽を個人で楽しむために使われるので、聴く人の好みに対応できるように、さまざまなドライバーやイヤピースが用意されています。

2種類のイヤピース

イヤホンには、イヤピースを耳介の内側のひだに引っかけて使うインナーイヤ型イヤホンと、イヤピースを耳栓のように耳に差し込むカナル型（耳栓型）イヤホンとがあります。インナーイヤ型は、すっきりとした着け心地で使いやすい反面、音漏れがしやすく耳が痛くなりやすいといわれています。一方でカナル型は、外部の騒音を抑えることができ、また耳から外れにくい反面、圧迫感を感じやすいといわれています。

図4-32 インナーイヤ型

圧迫感がない、周囲の音を聞き取りやすい、耳になじみやすいなどの特長がある。

図4-33 カナル型

フィット感に優れている、周りの音を遮断できる、低温の響きがよく迫力のある音が出せるなどの特長がある。

PICK UP イヤホンとは

我が国で用いられている「電子情報技術産業協会規格」によれば、次のように定義されています。

● イヤホンとは「電気信号を音響信号に変換する電気音響変換器で音響的に耳に近接して使用するもの」をいう。

● ヘッドホンとは「1個または2個のイヤホンとヘッドバンドもしくはチンバンドとを組み合わせたもの」をいう。

ちなみに、ヘッドセットとは「マイクロホンを組み込んだヘッドホン」であり、イヤセットとは「マイクロホンを組み込んだイヤホン」です。

イヤホン内部で音が発生するしくみ

ドライバーにはダイナミック型、バランスト・アーマチュア型、さらに、それらのハイブリッド型の3種類があります。

 ダイナミック型

　これまで最も一般的に使われてきた方式で、ボイスコイルが振動板と一体になった構造をしています。音楽信号によりボイスコイルに電流が流れると、コイルの周囲に磁界が発生し、永久磁石の磁場の作用によってコイルが振動します。このコイルの振動とともに振動板が動き、空気の疎密波を作って音が出ます。低音もよく再生することが

でき、大きな音も出るので、スピーカーでもこの方式がよく使われます。

図4-34
ダイナミック型の部品と音を出す模式図

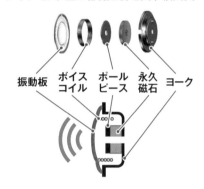

振動板　ボイスコイル　ポールピース　永久磁石　ヨーク

PICK UP **ノイズキャンセルのしくみ**

　ひとつの音は、別の音を重ねることによって、音を消すことができます。この方法を利用して、イヤホンには、周囲のノイズ（雑音）を消すことができる機能をもつものがあります。この機能をノイズキャンセルといいます。ノイズというのはいろいろな周波数や音圧を含んだ音波で、例えば図の青線のような波形をしています。ノイズキャンセルでは、ノイズに山と谷の位置を逆転させた赤線で示した波（逆位相の波）を重ね合わせることで、音圧をゼロにしてノイズを消しています。

ただし、音楽の主に使う周波数域に対してノイズの周波数域が近いと、ノイズキャンセルすることが難しくなります。

図4-35 **ノイズの波と逆位相の波**

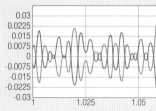

青：ノイズの波　赤：逆位相の波

バランスト・
アーマチュア型（BA型）

アーマチュアとは、鉄心とその周りに巻かれたボイスコイルからなる電機子のことです。鉄心としては、パーマロイというFe-Ni合金が使われます。U字型アーマチュアの一端が、上下にわずか0.15mmのすきまをあけて、永久磁石に挟まれています。ボイスコイルに流れる電流により、アーマチュアの先端もS極、N極と変化し、すきまの中で振動します。この振動はドライバーロッドを通じてステンレスの振動板を振動させ、それにより音が発生します。ダイナミック型と比較して、微

小なコイル電流でも敏感に音が出て高感度であること、クリアで明瞭な音が出ること、さらに非常に小型化できるなどの特長があります。近年は、高音専用ドライバーや低音専用ドライバーも開発され、ひとつのイヤホンに複数のBA型ドライバーを使って音質を高める製品も販売されています。

 ## ハイブリッド型

ダイナミック型とバランスト・アーマチュア型の両方をひとつのイヤホンに装備してハイブリッド型にして、再生帯域を広げ、音の質感を向上させる製品の開発もおこなわれています。

図4-36 バランスト・アーマチュア型の模式図

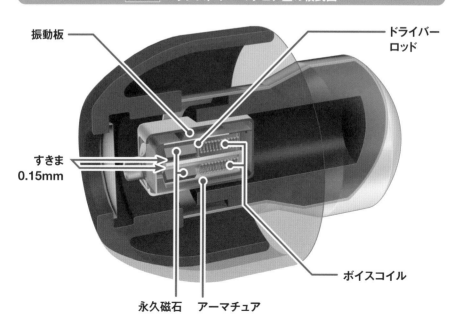

振動板　ドライバーロッド　すきま0.15mm　ボイスコイル　永久磁石　アーマチュア

骨伝導イヤホンのしくみ

通常のイヤホンは外耳道の入口に置かれて、音波が中耳から内耳を通じて処理されるのですが、それとはまったく異なり、耳近辺の骨を経路として音を認識する方式があります。それが骨伝導イヤホンです。耳からは通常の外部の音が入ってきますので、音楽を聴きながら外部の音も聞くことができます。さらに、鼓膜などに障がいがあっ

て耳が聞こえにくい人でも、このイヤホンを使うと音楽を楽しむことができます。ただし、音漏れのコントロールが難しいといわれています。

図4-37 骨伝導を用いた音の認識

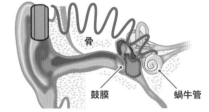

骨伝導（振動子）
骨
鼓膜
蝸牛管

図4-38 骨伝導イヤホン装着例

図4-39 骨伝導イヤホンの例
（BoCo　PEACE SS-1）

ワイヤレスホン

最近はケーブルのないイヤホンが流行しています。音源とイヤホンの間にケーブルがないことで煩わしさが解消され、また断線の心配もありません。音信号の送信には、一般的にブルートゥース（→145ページ）が使われます。その場合、送信側と受信側をそれぞれひとつに特定して通信をするため、最初にペアリングをおこないます。ブルー

トゥースで音楽データを送受信する際には、大容量の音楽データを圧縮して転送し、受信側で展開することで送信の負荷を低減しています。これをコーデック（COder/DECoderからの造語：CODEC）といい、SBC、AAC、aptXなどの方式に加え、次世代のLC3が期待されています。イヤホンやメーカーごとにコーデックの方式が異なる場合があり、送信側と受信側で同じコーデックの方式を使う必要があります。

サラウンドに対応した
イヤホン・ヘッドホン

映画館での音響システムに、「5.1ch（チャンネル）サラウンドシステム」などの表現がよく使われます。また、一部のブルーレイやDVDにも同じ表記があります。サラウンドとは、聞き手を包み込むように立体的な音環境を作る音響システムのことで、3.1、4.1、5.1、6.1、7.1chなどがあります。整数は通常のスピーカーの数を表し、小数点以下の数字は、人間がその音の方向を認識できない150Hz以下の低音用スピーカー（サブウーファ）の数を表しています。

例えば5.1chの場合、図4-40のように前後左右5カ所に通常のスピーカーと、1台の低音用スピーカーの合計6

台を配置して立体音響を作り出します。さらに天井にスピーカーを配置して上下方向にも立体感のある音作りをすることもあります。最近は、このサラウンド環境を左右の耳から入る音だけで実現するサラウンドヘッドホンも登場しています。

図4-40 5.1chのしくみ

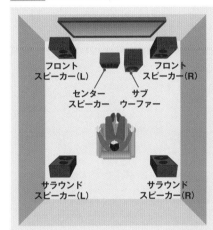

フロント
スピーカー(L)

フロント
スピーカー(R)

センター
スピーカー

サブ
ウーファー

サラウンド
スピーカー(L)

サラウンド
スピーカー(R)

PICK UP **イヤホンを使う際の注意**

イヤホンを使って音楽を聴くときは音量に注意が必要です。人の身体は環境に適応するので、音量を大きくすることに慣れると、大きな音しか脳で処理できなくなります。耳が遠くなるというより、脳が小さな音を処理できなくなります。一度大きな音に慣れてしまうと、小さな音が聞き分けられるようになるまでに長い時間がかかります。

また、イヤホンをつけたまま自転車、

オートバイ、乗用車などを運転することは、万一事故を起こしたときに、その事故原因と特定されると道路交通法違反になります。自治体によっては、運転時にイヤホンの装着を道路交通規則や条例で禁じている場合があります。特に、周囲の音が聞こえないような大音量で音楽を聴きながらの運転等は危険ですので、十分に注意してください。

電話

電話の歴史

一昔前、どの家庭にも備えられていたダイヤル式黒電話は、やがてプッシュホンに置き換わり、固定電話にはファックスや録音などさまざまな機能が加えられました。しかし現在、固定電話の利用者は携帯電話の利用拡大に伴って次第に減少しています。一方で、固定電話ではこれまでのような電話線を利用せずに、「光電話（ひかり電話）」や「IP電話」のようにインターネット回線を経由する新しい電話が使われるようになっています。

1890年	東京ー横浜間で電話サービスが開始。 写真1
1900年	上野駅と新橋駅に公衆電話が設置。 写真2
1952年	日本電信電話公社が設立。
1953年	23号自動式壁掛け電話機が登場。 写真3
1962年	600形黒電話機が登場。 写真4
1968年	ポケットベルサービスが開始。 写真5
1969年	プッシュホンが登場。 写真6
1985年	通信の自由化・通信事業の民営化によって電電公社からNTTへ。
1987年	携帯電話サービスの提供が開始。
1988年	ISDNサービスの提供が開始。
1990年代	コードレス電話が急速に普及。 写真7
1999年	ADSLサービスの提供が開始。
2001年	一般家庭への光ファイバー回線の提供が開始。
2004年	光電話やIP電話サービスが開始。

写真1 電話サービスの開始

電話の接続は交換手が手動でおこなっており、利用者は交換手に口頭で番号を告げて接続してもらっていた。交換手は、多くの女性にとって憧れの仕事だった。

写真2 磁石式公衆電話機

1900年に上野駅と新橋駅の構内に初めて設置され、続いて屋外用電話ボックスが京橋に建てられた。当時は「自働電話」とよばれていた。

写真3 23号自動式壁掛け電話機

電話番号を入力するだけでつながる自動式は、1926年に登場した。1953年に登場したこの電話機は、2号自動式壁掛け電話機の改良版だった。

写真4 600形自動式卓上電話機

1962年以降、多くの家庭で使われた黒電話。黒電話自体は1933年に登場していたが、受話器と送話器が別々になっている旧式も一部で長く使われていた。

写真5 ポケベル（ポケットベル）

ポケットベルは着信専用の端末で、1980～1990年代にかけて流行した。当初は着信音が鳴るだけだったが、その後に数字が表示されるようになり、語呂合わせや仲間内での略語を作り出して会話をおこなった。さらに漢字表示機能をもつポケベルも登場した。

数字表示タイプ

漢字表示タイプ

写真6 600-P形電話機

日本で最初のボタン式電話機。従来のパルスダイヤル式と異なり、押したときに音が出るトーンダイヤル方式を採用しており、電話番号の送信時間が大幅に短縮された。

写真7 コードレス電話

1985年の通信の自由化により、黒電話以外の電話機が自由に使えるようになり、コードレス電話など、さまざまな機能をもつ電話機が普及した。

電話回線のしくみ

電話回線には、アナログ通信をおこなうアナログ回線と、デジタル通信をおこなうデジタル回線があります。また電話は、銅線（メタル線）でも光ファイバーでもつなぐこともできます。アナログ回線はメタル線を利用し、デジタル回線は通常は光ファイバーを利用します。ただし、デジタル回線には、メタル線を利用するISDN回線とADSL回線（データ転送のみ）も含まれています。

 ## アナログ通信から
デジタル通信へ

電話の開通から100年の間、電話線には銅線（メタル線）が使われてきました。

しかし、2001年に総務省による「全国ブロードバンド構想」が実施に移され、各家庭へ光ファイバー、ADSL（→157ページ）、ケーブルテレビ網などが導入されて、メタル線に加えて光ファイバー線が電話線として使われるようになりました。それに伴い、さまざまな新しい通信技術が実用化される

と同時に、アナログ通信からデジタル通信へと移行しています。

電話のアナログ信号は、音声信号の伝送では0.3kHz～3.4kHzの周波数帯域を利用するので、高い音は電話では伝わりにくく、また遠方まで通信すると信号が次第に小さくなり、雑音が多く含まれてしまいます。それに対して、デジタル信号は音声を0と1のデジタルの並びで送るので、信号劣化が少なく、アナログ信号の課題の多くが解決できます。電話通信を支える技術は日々進歩しています。

表4-1 アナログ通信とデジタル通信

	アナログ通信	デジタル通信
通信方法	音声を電流の変化にして送る	音声を0と1のデジタルの並びで送る
メリット	●通話が安定していて途切れる心配がない ●モデムなどが必要なく、障害に強い	●遠距離通話でも音質の劣化がなく、ノイズが少ない ●盗聴が難しくセキュリティが高い ●通話料が割安になる
デメリット	●遠距離通話では音質が劣化し、ノイズがのる ●利用できる回線数が少ない ●利用料金が割高となる	●モデムなどを準備する必要がある ●停電時に利用できない ●一部のフリーダイヤルを使えない場合がある

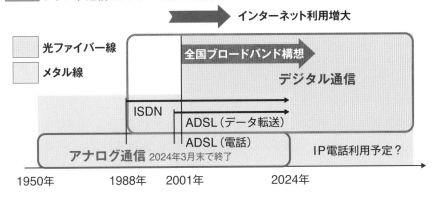

図4-41 アナログ通信とデジタル通信の動向

第4章 パソコン・オーディオ・通信機器

アナログ回線（アナログ電話）

電話を家庭に入れるためには、外の電柱から電話線を各家屋に引き込む必要があります。その線は銅線で、メタル線ともよばれています。屋外のメタル線には、1本の黒い線の中に2本もしくは4本の細い線が入っていて、ワイヤーの入った支持線がついているものもあります。屋内用には、2本から8本の線にモジュラージャックがついた電話線が使われます。

アナログ電話とは、昔から使われているアナログ回線に接続されている電話です。電話線の中に音声信号に合わせたアナログ電流が流れます。アナログ回線には、ダイヤル回線とプッシュ回線があり、アナログ信号の伝達方法が異なっています。ダイヤル式電話はダイヤル回線しか使えませんが、プッシュ式電話はどちらかの回線を選ぶことができます。

図4-42 屋内配線用モジュラージャック

用途	単独電話機用	ホームテレホン1回線用	ホームテレホン2回線用	ISDN用
差込口				
端子配線	青 白	青 白 茶 黒	青 白 茶 黒 黄 緑	黒 緑 灰 赤 / 茶 白 青 黄

155

⚙ ISDN回線

ISDN（Integrated Services Digital Network）は、サービス総合デジタル網と訳される世界的な通信規格です。日本では、1988年にNTTにより一般家庭向けに電話線（メタル線）を利用した「INS64」、企業向けに光ファイバー網を利用した「INS1500」としてサービスが提供されました。INS（Information Network System）はNTTの商品名です。両方ともデジタル通信をおこなっています。

INS64ではひとつの回線契約により2回線が提供されたので、電話しながらファックスを使うことができました。またINS1500では、ひとつの回線契約で23回線が提供され、店舗ごとの売り上げ情報などを扱うPOSシステムや、クレジットカード会社と店舗との間でクレジットカードの有効性を確認する

ためのCAT端末などに利用されています。

しかし、1999年からサービスが開始されたADSL回線の普及によって、ISDN回線の利用が次第に減少しています。またスマートフォンなどの通話アプリの増加によって通信手段が多様化して、固定電話そのものの需要が低下しています。さらに、従来の固定電話の交換機の老朽化という問題もあり、2025年頃には機能の維持が困難になると予想されています。

そこで、2024年1月に予定されている固定電話網からIP電話網への移行に伴い、通話モードだけを残し、デジタル通信モードは廃止されることになっています。ISDN回線そのものが廃止されるのではなく、ISDNサービスの中の機能のひとつであるINSネットのデジタル通信モードが廃止されることに注意が必要です。通話モードはそのまま使い続けることができます。

PICK UP 全国ブロードバンド構想

全国の電話、ケーブルテレビ、通信ネットワークなどの情報通信環境の整備や将来的な構想立案は、総務省が担当しています。2001年に経済財政諮問会議で決定された「全国ブロードバンド構想：超高速インターネット網に常時接続す

る環境整備」に従って、光ファイバー網（FTTH：Fiber to the Home）やケーブルテレビ網（CATV：Cable Television）の整備が進められています。総務省の統計によれば、2020年のFTTH世帯カバー率は99.3%になっています。

ADSL回線

ADSL（Asymmetric Digital Subscriber Line）は、非対称デジタル加入者線とよばれ、一般の電話線（メタル線）を利用して、電話の音声伝達に使用しない高い周波数帯を使って高速のデジタル通信をおこなう技術です。ひとつのメタル線で音声信号とデジタル信号の両方を送ることができます。

この技術は一般にDSL技術といいますが、ウェブの閲覧や画像のダウンロードなど大量のデータを利用する下りを重視して高速化しているので、「非対称」という名称がついています。ADSLでは、上りの信号は26～138kHz、下りの信号は138～1104kHzの周波数帯を利用しています。

通常のメタル線では、遠い場所へ信号を送るときに高い周波数ほど信号が小さくなるので、アナログ音声信号の送受信には4kHz以下の周波数しか使いません。高い周波数を使うADSLは、情報技術の進歩によりその欠点が改善されてはいますが、回線業者から個人の住宅までの距離が限られることになります。

なお、ISDNと同様に、2023年から2024年にかけてADSLのサービスは廃止されることになっており、光ファイバー網やCATV回線などへの移行が必要です。

図4-43 ADSLのネットワーク概念図

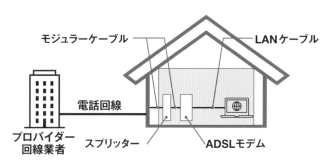

表4-2 ADSL回線とISDN回線の比較

回線種類	最大速度	回線数
ADSL	1 Mbps（上り）12 Mbps（下り）	1回線のみ
ISDN	64 kbps	2回線

bps: bit per second（1秒間に送れるビット数）（→139ページ）

IP電話

IP電話とは、インターネット回線を通じて利用できる電話サービスです。IP（Internet Protocol）とは、インターネットを利用する際の通信規約のことをいいます。IP電話は、プロバイダーやケーブルテレビ会社が提供し、IP電話を利用するには基本的にインターネット回線が必要です。

IP電話では、まず電話機で音声信号が電気信号に変換されます。この電気信号は、VoIP（Voice over Internet Protocol）ゲートウェイという機器でデジタル信号に変換されると同時に、インターネットの規則に従って、パケットとよばれるデジタル信号の小さなかたまりに分割されます。これらは、インターネットを介して相手のVoIPゲートウェイに送られ、再びパケットが集められ、元のデジタル信号に並べ替えられて電気信号に変換されます。相手の電話機で電気信号から音声信号に変換されることで相手に伝わります。IP電話は、通話料金が割安になりますが、110番、119番などの緊急通報電話やフリーダイヤルが使用できません。

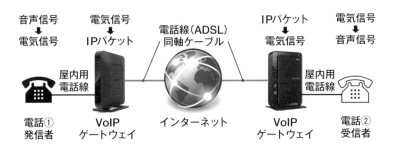

図4-44 IP電話のしくみ

光電話（ひかり電話）

固定電話は電話線（メタル線）で通話するのが常識でしたが、光ファイバーが一般家庭に接続されるにつれ、光回線を用いたインターネットを介した電話の通話が2004年から始まりました。この電話サービスを「光電話」といいます。NTTは、このサービスに「ひかり電話」と名付けました。光電話はインターネット回線を使うため、IP電話のひとつと捉えることもできます。

光ファイバーでは、発信者の音声信号は電気信号に変換されて光ファイバー専用のホームゲートウェイに伝え

られます。電気信号は、インターネット通信規約に従い、IPパケットに分割され、ONU（Optical Network Unit）で光信号に変換された後に、光ファイバー回線によるインターネットに送られます。受信者はその逆をたどり、ホームゲートウェイを介して電話機で音声

信号を聞くことができます。

なお、KDDIの場合は「auひかり電話」、ソフトバンクは「光電話（N）」とよんでいます。また光電話は通話料金が割安で、通話音質がよいとされますが、コレクトコール、伝言ダイヤルなど使用できない番号があります。

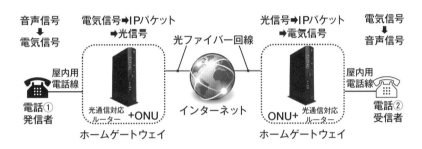

図4-45 光電話のしくみ

 ## 固定電話の割合

携帯電話の普及に伴って固定電話自体の数は少なくなっていますが、その

なかでも通常のメタル回線を利用する固定電話の総数は少しずつ減少し、一方でIP電話の割合が大きくなっていることがわかります。

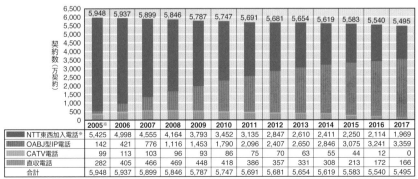

図4-46 固定電話の内訳の推移

	2005※	2006	2007	2008	2009	2010	2011	2012	2013	2014	2015	2016	2017
NTT東西加入電話※	5,425	4,998	4,555	4,164	3,793	3,452	3,135	2,847	2,610	2,411	2,250	2,114	1,969
OABJ型IP電話	142	421	776	1,116	1,453	1,790	2,096	2,407	2,650	2,846	3,075	3,241	3,359
CATV電話	99	113	103	96	93	86	75	70	63	55	44	12	0
直収電話	282	405	466	469	448	418	386	357	331	308	213	172	166
合計	5,948	5,937	5,899	5,846	5,787	5,747	5,691	5,681	5,654	5,619	5,583	5,540	5,495

※ISDNを含む。　※各年は年度末。

出典：「平成30年版　情報通信白書」（総務省）

テレビ放送

テレビ放送の歴史

日本ではテレビ放送は1953年に開始されました。最初は白黒テレビでしたが、1964年の東京オリンピック開催を前にして、1960年にはカラーテレビ放送が始まりました。その後、アナログテレビ放送が多くの世帯に行き渡りましたが、さらに多くの情報を届けるために、2000年代にデジタル放送に置き換わりました。放送衛星、通信衛星が定期的に打ち上げられ、それらに合わせて新たな放送サービスが開始されています。

1935年	ドイツで世界初のテレビ放送が始まる。
1940年	アメリカでカラーテレビの実験放送が開始。 写真1
1953年	日本で白黒のアナログテレビ放送が開始。 写真2
1959年	日本で白黒受像機が200万台を超える。
1960年	日本でカラーテレビ放送が開始。
1963年	日米間で衛星通信放送の実験がおこなわれる。
1964年	東京オリンピックが開催され、カラー放映される。
1978年〜1986年	放送衛星「ゆり」「ゆり2号a」「ゆり2号b」打ち上げ。 写真3
1987年	BSアナログ本放送（NHK-BS1）が開始。
1988年	通信衛星「CS-3a（さくら3号a）」「CS-3b（さくら3号b）」打ち上げ。
1989年	日本初の民間通信衛星「JCSAT-1」打ち上げ（東経150度）、CS運用。

写真1 **1940年代のアメリカのテレビ受像機**

受像機としては、当時はブラウン管が使われていた。現在の液晶テレビなどと比較すると奥行きがあり、テレビ受像機が箱型になっていることがわかる。

写真2 **1953年 NHKがテレビ放送開始**

1953年2月1日にNHK東京テレビジョンによる地上波のアナログテレビ放送が開始された。写真の建物は地上6階建ての当時の東京放送会館で、50m近い高さのアンテナを備えていた。

1989年	NHK-BS2が放送開始。
1990年	放送衛星「ゆり3号a」「BS-3a」（東経110度）、通信衛星「JCSAT-2」打ち上げ。
	日本でハイビジョンテレビが発売。 写真4
1991年	放送衛星「BS-3b」打ち上げ（東経110度）。
	ハイビジョン放送が開始。 写真5
1992年	CS放送が開始。
1995年	通信衛星「JCSAT-3」打ち上げ（東経128度）。
1996年	CSデジタル放送が開始。
1997年	放送衛星「BSAT-1a」、通信衛星「JCSAT-4（1A）」「JCSAT-5（1B）」打ち上げ。
	CSが多チャンネル化。
1998年〜2000年	放送衛星「BSAT-1b」、通信衛星「JCSAT-6（4A）」「N-SAT-110」打ち上げ。
2000年	BSデジタル本放送が開始。
	110度CSデジタル放送が開始。
2001年〜2003年	放送衛星「BSAT-2a」「BSAT-2c」打ち上げ。
2003年	地上波デジタル放送が開始。
2007年〜2011年	放送衛星「BSAT-3a」「BSAT-3b」「BSAT-3c」打ち上げ（東経110度）。
2011年	アナログ放送が終了。
2017年〜2020年	放送衛星「BSAT-4a」「BSAT-4b」打ち上げ（東経110度）。
2018年	BS4K、BS8K放送が開始。

写真3 「ゆり2号a」

放送衛星「ゆり2号a」は1984年1月に打ち上げられたが、直後に太陽電池のトラブルが発生し、衛星第2テレビの放送は見送られた。1989年に運用を停止している。

写真4 日本初のハイビジョンテレビ

アナログ放送の時代に、走査線1125本をもつハイビジョン映像対応の家庭用36型トリニトロンカラーテレビ「KW-3600HD」が発売された。ハイビジョンテレビの先駆けとなった

写真5 ハイビジョン放送

ハイビジョン放送は画像の精細さを表す水平走査線が1125本のもので、それまでの標準放送が525本であったのに対して2倍以上細かく表現できる。

テレビ放送のしくみ

テレビ放送には、地上放送（地デジ）、BS放送、CS放送の3種類があります。これらの放送をみるためには、市販されているテレビに備わっているチューナーを使います。テレビ放送は、一般には専用のアンテナで電波を受信しますが、ケーブルテレビなどの専用線を経由しても視聴することができます。なお、携帯電話やスマートフォン、カーナビなどでも受信用チューナーが搭載してあれば視聴することができます。

 ## アナログテレビ放送のしくみ

アナログテレビ放送は、映像と音声の2つからなります。映像はビデオカメラで録画され、音声はマイクロフォンで収録された後、電気信号に変換されます。映像信号は、映像の明るさを表す輝度信号と、映像の色を表す色差信号に分けて、それぞれの信号を波の振幅の変化として搬送波に重ねます（AM方式）。一方で音声信号は、周波数を変化させて搬送波に重ねて送ります（FM方式）。これらの映像と音声からなる3種類の信号は1セットにされ、1つのチャンネルに割り当てられた一定の幅の周波数の範囲で、別々の搬送波にのせて送られます。

図4-47 アナログテレビ放送のしくみ

映像信号

搬送波

変調
（信号と搬送波を
重ね合わせる）

映像信号の
放送電波

AM方式

テレビ放送電波

音声信号

搬送波

変調
（信号と搬送波を
重ね合わせる）

音声信号の
放送電波

FM方式

アンテナ
（放送電波を送信）

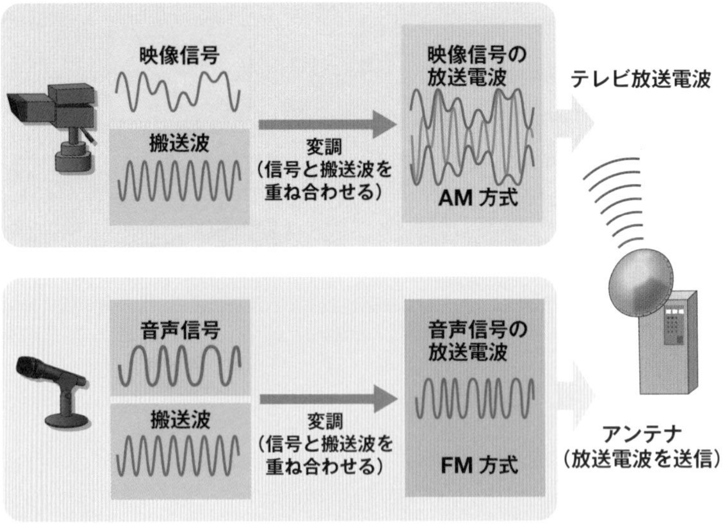

※搬送波とは、信号を運ぶための電波。音声と映像は異なる周波数の搬送波を使う。

なお、アナログテレビ放送は1953年に始まり、60年近く使われてきましたが、2011年に終了しています。

デジタルテレビ放送のしくみ

デジタルテレビ放送とは、デジタル信号の伝達を利用したテレビ放送です。放送で使用する映像や音声は、アナログ信号として取り込むので、標本化、量子化、符号化(→131ページ:音源メディア)によってデジタル化します。これらの操作には、A/D変換器という素子を利用します。符号化された信号はそのままでは大容量の情報なので、MPEG2-Videoという圧縮技術を使っ

て、動画を1/30〜1/128の大きさになるまで圧縮することができます。音声の圧縮も同時にMPEG2-Audioという技術を用いて圧縮します。

地上デジタル放送では、「多重化」という技術を用い、映像、音声、文字、データ、静止画等を同じ信号の中にまとめることができます。MPEG2-TSという規格に従ってひとつにまとめられた信号は、変調して搬送波にのせられます。アナログ放送では1チャンネルには3本の信号が含まれていましたが、地上デジタル放送では1本の搬送波で多くの情報を一度に送れる効率的なしくみを導入しており、1チャンネルで5617本の信号を送ることができます。

図4-48 デジタルテレビ放送のしくみ

映像信号
A/D変換 圧縮

音声信号
A/D変換 圧縮

データ
圧縮

多重化(デジタル信号をひとつにまとめる)

多重化されたデジタル信号を変調
搬送波

1チャンネル=6MHz

マルチキャリア変調
5000本以上の搬送波を使う変調方式(アナログ放送では3本)

テレビ放送電波

アンテナ(放送電波を送信)

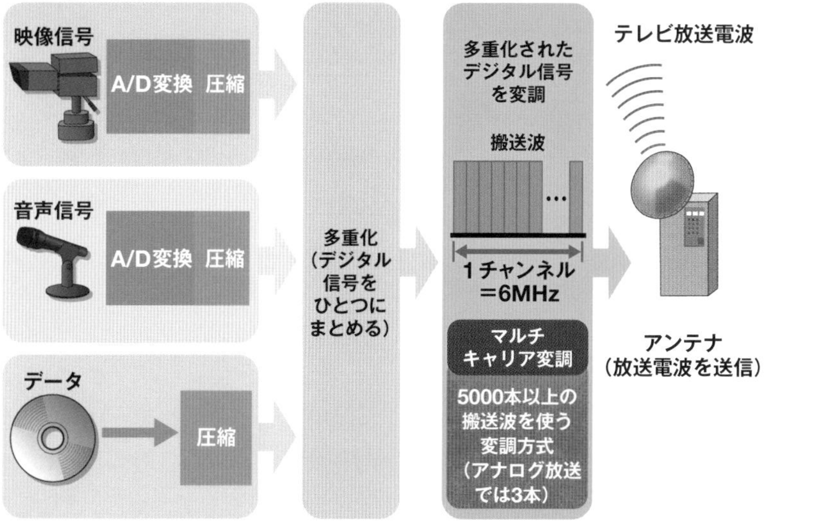

テレビ放送受信用アンテナ

　日本では、テレビ放送受信のために、UHFアンテナ、デザインアンテナ、パラボラアンテナなどが主に使われています。UHFアンテナは、地デジ受信用に使われ、魚の背骨のような「導波器」で電波を集める指向性の高いアンテナです。一般的には屋根の上に取り付けられ、アンテナとして高い性能をもっています。また、発明者の名前をとって八木アンテナともよばれます。

　10年ほど前から、デザイン性に優れた平面アンテナ（デザインアンテナ）が使われ始めました。このアンテナは、地デジ受信用に使われ、一般的には家の壁面に取り付けられています。四角い箱状のアンテナ内部には、放送受信のための素子が組み込まれています。最近では、形状が似ているユニコーンアンテナも登場しています。

　パラボラアンテナは、衛星放送（BS/CS放送）を受信するために使われます。白いお椀型の形状が特徴で、直径は45〜60cmあり、日本では南西の方向にある衛星に向けて取り付けられます。

図4-49 主なテレビ放送受信用アンテナ

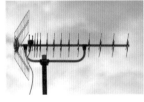
UHFアンテナ

デザインアンテナ

パラボラアンテナ

アナログ放送とデジタル放送の情報量

　テレビ放送の画面の細かさは、水平解像度と垂直解像度で表されます。アナログ放送の解像度は720×480でした。それがデジタル放送になると、地上デジタル放送では1440×1080、さらにBSデジタル放送では1920×1080となり、解像度だけで6倍にもなります。後述する4K放送、8K放送になると、解像度は一段と高くなり、情報量は大きく増えました。

　それに加えて、音声信号もステレオからの5.1chサラウンドサウンドとなれば（→151ページ：イヤホン）、音声信号だけでも多くの情報が詰め込まれることになります。これを1チャンネルで一度に送る必要があり、現在も研究が進められています。

表4-3 放送の種類と解像度	
放送の種類	解像度
アナログ放送	720×480（約35万画素）
BSデジタル放送など （フルハイビジョン／2K）	1920×1080（約200万画素）
4K放送	3840×2160（約800万画素）
8K放送	7680×4320（約3300万画素）

デジタル映像の圧縮技術

例えば、画素数が640×480のフルカラー静止画像1枚のデータの大きさは約900KB（キロバイト）です。テレビの映像は、通常の放送では1秒間に30枚の画像を表示するので、1秒間の映像に必要なデータは27MB（メガバイト）、1時間の映像では97GB（ギガバイト）となります。このデータ量は大変な大きさで、容量が大きすぎて、そのままでは映像の再生ができません。そこで使われるのが、デジタル放送やDVDビデオに対する代表的圧縮技術であるMPEG（Moving Picture Experts Group）規格です。これらの技術では、複数の連続するフレームで変化のある部分だけを取り出して記録することで情報量を減らし、またフレーム15枚をひとまとまりにして、最初と最後のフレームから途中の画像を予測してフレームを作成することによって情報量を減らしています。

図4-50 圧縮の一例

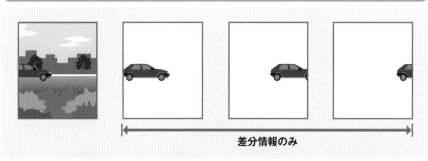

差分情報のみ

変化している部分の情報だけを記録し、変化していない部分を流用することで、情報量を減らす。

BSデジタル放送と CSデジタル放送

デジタル放送には3種類あり、放送衛星を使ったBS（Broadcasting Satellite）デジタル放送、通信衛星を使ったCS（Communication Satellite）デジタル放送、および地上波を使った地上デジタル（地デジ）放送です。BSデジタル放送とCSデジタル放送の受信には、同じパラボラアンテナを使うことができます。

CSデジタル放送は、東経124度と128度にある通信衛星を使った放送（124／128度CSデジタル放送）、東経110度にある通信衛星を使った放送（110度CSデジタル放送）に分けられます。両方とも衛星には変わりないのですが、総務省は衛星の目的により厳格に区別しているようです。衛星は両方の種類ともに赤道上空の約3万6000kmにある静止軌道にのっていて、東経110度、124度、128度は日本が国際電気通信連合および定期的に開催される国際会議で調整し使用を認められている位置です。

図4-51 3種類のデジタル放送

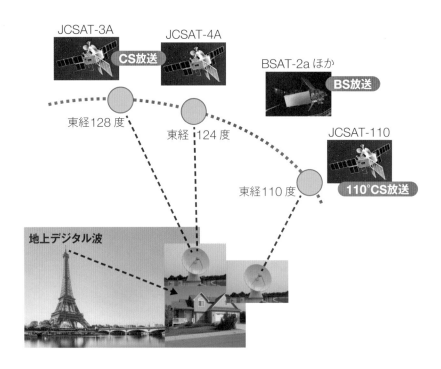

4K放送と8K放送

かつてのアナログ放送時代のテレビ画面は720×480の解像度をもっていましたが、ハイビジョン（HD）では1280×720、さらにフルハイビジョン（Full HD、2K）では1920×1080の解像度があります。4Kは3840×2160の解像度（2Kの4倍）をもち、さらに8Kは7680×4320の解像度（2Kの16倍）

があります（→165ページ）。

通常のテレビ放送は、1秒間に30枚の静止画を映し出すことで映像が動いているようにみせていますが、ハイビジョンでは60枚の静止画を使うことで動きをなめらかにしています。また、4K、8Kと解像度の高さが増えると同時に、表現できる色調も広くなり、音声もCD並みの品質をもつようになっています。

表4-4　総務省による4K、8K放送のロードマップ

2015年に公表されたロードマップ。2020年の東京オリンピック・パラリンピックを強く意識していたことがわかる。

		2014	2015	2016	2017	2018	2020	2025
4K 8K	衛星 BS右旋			4K・8K試験放送		4K実用放送	東京オリンピック	→
	BS左旋					4K実用放送		→
	110度CS左旋			4K試験放送		4K実用放送		→
	124/128度CS	4K試験放送	4K実用放送					→
	CATV	4K試験放送 4K VOD トライアル	4K実用放送	8Kに向けた実験的取り組み				→
	IPTV等	4K試験放送 4K VOD 実用サービス	4K実用放送	8Kに向けた実験的取り組み				→
2K	地デジ等	現行の2K放送	継続					→

出典：「衛星放送の現状」総務省・衛星地域放送課（2022年7月）

総務省によるロードマップ（抜粋）

PICK UP　新4K8K衛星放送とは

これまでは、124度／128度CSデジタル放送、CATV（ケーブルテレビ）、IPTV（インターネットテレビ）等で4K放送がおこなわれていますが、2018年12月からBSデジタル放送および110度CSデジタル放送による4K、8K放送が開始されており、これを「新4K8K衛星放送」とよんでいます。

この放送を受信するには、現在の4K、8Kテレビに加えて特殊なチューナーやアンテナが必要になる場合があります。

携帯電話

携帯電話の歴史

日本の携帯電話の歴史を考えるときに、携帯電話の大きさ、機能などのハードウエアの推移をたどるのはもちろん大切ですが、同時に、電波の許諾権を有する省庁による移動通信システムに関する政策の推移も考慮する必要があります。携帯電話の利用方法の多様化・機器の高性能化と、総務省による移動通信システム政策の推移とは、密接な関係をもって発展してきた歴史があります。

1968年	ポケベルサービスが開始。
1979年	第1世代移動通信システム（1G）が稼働を開始。
1985年	電電公社が民営化し、日本電信電話（NTT）に経営形態を変更。
	可搬型の無線電話として、肩掛けタイプのショルダーホンが登場。**写真1**
1987年	NTTが携帯電話サービスを開始。
	NTTからハンディータイプの携帯電話が発売。**写真2**
	日本移動通信（IDO：KDDIの前身）が設立。
1991年	NTTがムーバ（mova）を発表。**写真3**
	デジタルホングループ（後のソフトバンクモバイル）が参入。
1993年	第2世代移動通信システム（2G）が稼働を開始。
1995年	PHS（簡易型携帯電話）サービスが開始。
1990年代半ば	ポケベルの全盛期。

写真1 ポータブル電話機「ショルダーホン100型」

重さが3kgで、約40分の通話が可能だった。本体価格は2万6000円だったが、保証金が約20万円と高く、通話料も非常に高かった。

写真2 初期の携帯電話「**TZ-802**」

ショルダーホンよりも小型軽量になったが、それでも900gもあった。この機種の登場で、携帯電話という呼び名が一般的になった。

1999年	携帯電話からのインターネット接続サービスが開始。
	国際電気通信連合(ITU)で移動通信システムとして「IMT-2000」が標準化。
2000年	KDD、DDI、IDOの合併によりKDDIが発足。
2001年	第3世代移動通信システム(3G)が稼働を開始。
	NTTドコモが「FOMA」を開始。
2002年	J-フォンがW-CDMA方式の3Gサービスを開始。
	KDDIがcdma2000方式の3Gサービスを開始。
2004年	おサイフケータイが登場。 　写真4
2007年	アップル社が初代iPhoneを発表。 写真5
	仮想移動体通信事業者(MVNO)の新規参入が相次ぐ。
2009年	アンドロイド搭載の端末が発表。
2010年	第4世代移動通信システム(4G)が稼働を開始。
	NTTドコモがLTE通信サービスXiを開始。
2013年	NTTドコモがiPhoneを発売。ドコモ、ソフトバンク、auの3社が大手キャリアとして横並びに。
2019年	楽天がネットワークを整備するMNOとなり、サービスを開始。
2020年	第5世代移動通信システム(5G)が稼働を開始。

写真3 mova用の小型携帯電話「ムーバN」「ムーバD」

重量は230gと非常に軽く、利用時に伸ばして使うアンテナを備えていた。movaは広く普及したが、当初は保証金10万円に加え、4万5800円の新規加入料、月1万7000円の回線使用料が必要だった。

写真4 初のおサイフケータイ（モバイルFeliCa）「mova P506iC」

おサイフケータイのアプリとして、あらかじめ「Edy（現楽天Edy）」がインストールされていた。

写真5 初代iPhone

当初は3Gが利用できなかったが、2008年に3Gが利用可能なiPhone3Gが発売された。4GはiPhone5から利用可能となった。

スマートフォンのしくみ

スマートフォンは、その名の通り「賢い電話機」であり、本来の電話機能に加えてカメラ機能、通信機能、ゲーム機能、インターネット接続機能、さらにはセンサーを組み込むことによってさまざまな健康管理機能をもっています。また、多くのスマートフォン用アプリが有料／無料でインターネットを通じて提供されています。

 ## スマートフォンの中身

スマートフォンの内部構造を説明します。まず目につくのがバッテリーで、多くの部分を占めています。近年はリチウムイオンバッテリーが用いられますが、今後の技術革新によって、大容量のバッテリーが開発されることが期待されます。

基板は比較的小さく、この基板に

CPU、各種IC、メモリなど数多くの部品が詰め込まれています。基板は階層構造になっていて、表面や層の内部で配線がおこなわれています。基板に設置されたICが熱を大量に発生させるために、さまざまな放熱のための対策もとられています。また、距離センサーとともにカメラが搭載されています。さらに、各種のアンテナやバイブレータ、スピーカーなど多くの部品が配置されています。

図4-52 スマートフォンの内部

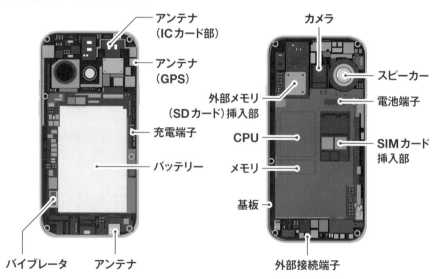

第3世代
移動通信システム

第3世代移動通信システム（3G）は、2001年から開始された移動通信システムの名称です。2Gは国、地域ごとの移動通信システムが異なったために、海外で携帯電話が使えない状況が生じました。そのために国際電気通信連合が1999年に世界で同じ携帯電話端末が使えることを目標に標準化を提言し、結果的に5つのシステムが承認されました。

日本では、W-CDMA方式とcdma2000という2つの方式が共存するこ

とになりました。W-CDMA方式ではNTTドコモが「FOMA」を、J-フォンが3Gサービスを開始し、cdma2000方式ではKDDIが3Gサービスを開始しました。

3Gの特徴は、アクセス方式にCDMA（符号分割多元接続）を採用することによって、同じ周波数を同じ時間に多数のユーザで共用できるという点でした。通信速度は静止時で最高2Mbps、移動時で数百kbpsという高速通信が可能となり、通話音質が改善され、さらにインターネットの利用が活発になりました。本格的なマルチメディアが実現した時期に該当します。

第4世代
移動通信システム

第4世代移動通信システム（4G）は、2010年に運用が始まった移動通信システムの名称です。通信方式は、各国の専門機関による3G推進プロジェクトの3GPPが策定した「LTE-Advanced」と、アメリカの電気・電子・情報工学分野の学会であるIEEEが策定した「WiMAX2」の2つの規格が、国際電気通信連合(ITU)によって適格であると認められました。

いずれの規格も、3Gの性能を大きく上回り、数百Mbpsの高速データ通

信を場所を問わずに高速移動中でも利用できる点が特長です。スマートフォン、タブレット、モバイルルーターなどを使って利用することが想定されました。

この通信規格により、通信速度がメガレベルからギガレベルへ向上し、大容量の高精細の動画コンテンツがストレスなく視聴できるようになりました。日本では、NTTドコモが「Premium 4G」、ソフトバンクが「Softbank 4G」、UQコミュニケーションズが「WiMAX2+」として、4Gサービスを提供しています。

第5世代
移動通信システム

第5世代移動通信システム（5G）は、国際電気通信連合（ITU）が主要な能力やコンセプトをまとめて2015年に策定したもので、①通信速度、②通信の遅延、③同時接続数の3点について要求事項が提示されています。ただし、すべての条件を単一のネットワークで満たす必要はなく、利用方法ごとに必要な条件を満たせばよいとされています。

通信速度の要求条件については、下りで20Gbps程度、上りで10Gbps程度となっており、4Gの10倍以上の通信速度となっています。遅延時間は1ms程度とされており、この数値は4Gの10分の1程度となることが要求されています。この通信速度は、ほぼリアルタイムを要求しており、自動車の自動運転やロボットの遠隔操作などが可能になると期待されています。さらに、同時接続数については、$1km^2$当たり100万台の同時接続を要求しています。

表4-5 4Gと5Gの比較

	第4世代（4G）	第5世代（5G）
通信速度	1Gbps（下り）、数百Mbps（上り）	20Gbps（下り）、10Gbps（上り）
通信遅延時間	10 ms	1ms
同時接続数	$1km^2$当たり10万台程度	$1km^2$当たり100万台程度

PICK UP SIMカードとSIMロック

スマートフォンには「SIMカード」というICカードが入っています。SIMはSubscriber Identify Moduleの頭文字をとったもので、加入者識別モジュールと和訳され、加入者を特定するための情報が入ったICカードです。日本の携帯電話会社が販売するスマートフォンなどの端末には、販売した携帯電話会社のSIMカードしか利用できなくするためのロックがかかっています。これは日本独自の仕様で、「SIMロック」といわれています。

SIMロックは、携帯電話会社にとっては利用者との長い関係を保てるという利点がありますが、利用者にとっては選択肢が狭くなります。総務省は、SIMロックが利用者の利便性を低下させ、競争を阻害する要因となっているとみなし、2015年からSIMロックの解除を可能にすることを義務化しました。

図4-53 SIMカード

PICK UP 移動通信システムの移り変わり

移動通信システムについては「第○世代」などの頭文字がつけられて使われていますが、最初から第1世代、第2世代などと名称がつけられていた訳ではありません。第3世代になった頃から意識されたようで、過去を振り返って歴史的に区分したようです。

なお、第1世代移動通信システム（1G）はアナログ方式でしたが、第2世代移動通信システム（2G）以降はデジタル方式（→131ページ）となっています。

図4-54 移動通信システムの高速化の進展

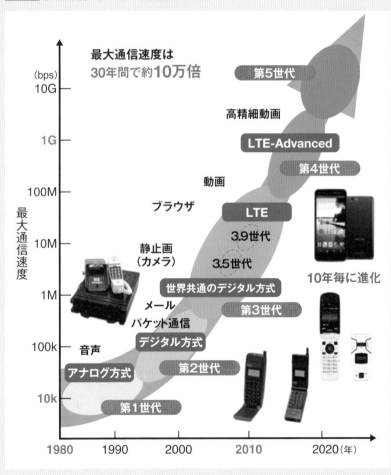

最大通信速度は30年間で約10万倍

第5世代
高精細動画
LTE-Advanced
第4世代
動画
ブラウザ
LTE
3.9世代
3.5世代
静止画（カメラ）
世界共通のデジタル方式
第3世代
10年毎に進化
メール
パケット通信
デジタル方式
音声
アナログ方式
第2世代
第1世代

(bps)
10G — 1G — 100M — 10M — 1M — 100k — 10k —
最大通信速度

1980　1990　2000　2010　2020（年）

出典：総務省「令和2年版 情報通信白書　約10年周期で進む世代交代」

次世代移動通信システム （Beyond 5G）

5Gが普及し定着すれば、その次の世代をどうするかという話になります。5Gが定着してから議論するのでは遅いので、世界各国ですでに検討が始まり、日本でも次世代移動通信システム「Beyond 5G」の検討が総務省を中心に進められています。

この通信システムでは、5Gの特長だった高速、低遅延、多数同時接続の性能向上に加えて、消費電力の削減、セキュリティの機能強化、機器の自律的連携などが項目としてあげられています。

図4-55 Beyond 5Gの概念図

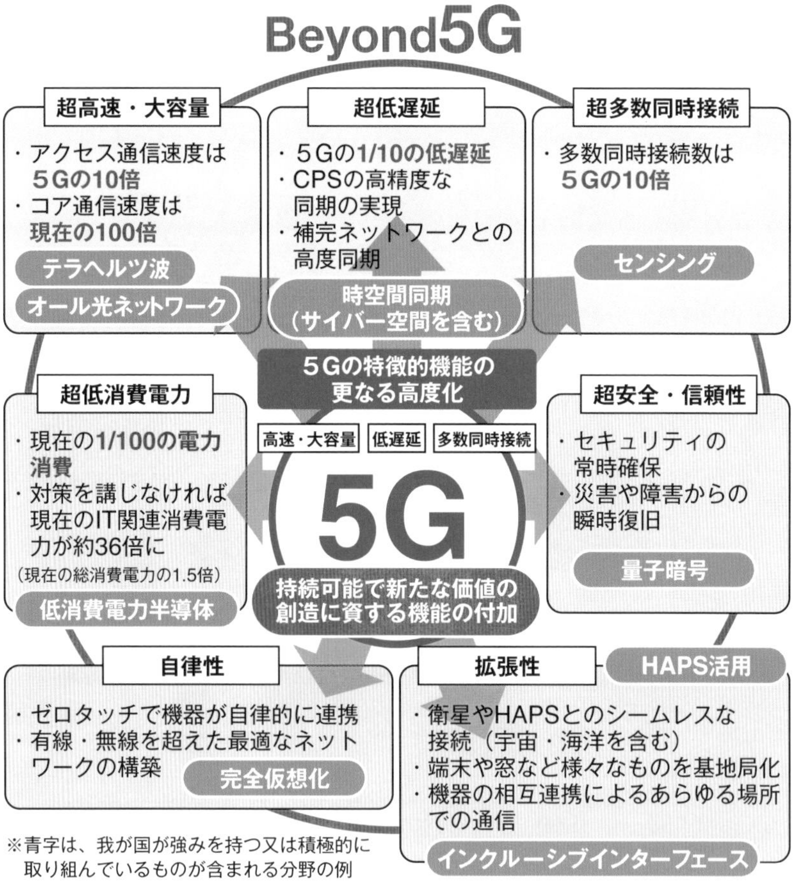

Beyond5G

超高速・大容量
・アクセス通信速度は 5Gの10倍
・コア通信速度は 現在の100倍

> テラヘルツ波
> オール光ネットワーク

超低遅延
・5Gの1/10の低遅延
・CPSの高精度な 同期の実現
・補完ネットワークとの 高度同期

> 時空間同期 （サイバー空間を含む）

超多数同時接続
・多数同時接続数は 5Gの10倍

> センシング

5Gの特徴的機能の 更なる高度化

超低消費電力
・現在の1/100の電力 消費
・対策を講じなければ 現在のIT関連消費電 力が約36倍に
（現在の総消費電力の1.5倍）

> 低消費電力半導体

高速・大容量　低遅延　多数同時接続

5G

持続可能で新たな価値の 創造に資する機能の付加

超安全・信頼性
・セキュリティの 常時確保
・災害や障害からの 瞬時復旧

> 量子暗号

自律性
・ゼロタッチで機器が自律的に連携
・有線・無線を超えた最適なネット ワークの構築　> 完全仮想化

> HAPS活用

拡張性
・衛星やHAPSとのシームレスな 接続（宇宙・海洋を含む）
・端末や窓など様々なものを基地局化
・機器の相互連携によるあらゆる場所 での通信

> インクルーシブインターフェース

※青字は、我が国が強みを持つ又は積極的に 取り組んでいるものが含まれる分野の例

総務省 電波利用ホームページ 電波利用料による「Beyond 5G研究開発促進事業」を改編。

PICK UP MVNO

MVNOとはMobile Virtual Network Operator（仮想移動体通信事業者）のことで、NTTドコモやauやソフトバンクなどの大手通信会社（MNO／移動体通信事業者）から回線だけを借り、その回線を自社のブランドとしてサービスを提供する会社のことです。一般的には「格安スマホ」を提供しているブランドが該当しますが、現在は数多くの事業者が参入しています。MVNOを利用する利点としては、魅力的な料金プラン、多彩なサービスを選択できることなどがあります。

PICK UP ハンドオーバー

携帯電話は、移動しながら通話しても一般には切れません。無線基地局がカバーするエリアは、広くても半径数十km、狭いところでは半径数十ｍです。自動車などで移動しながら通話していると、すぐに接続していた無線基地局の範囲外に出てしまいます。実は、携帯電話では、常に近隣の無線基地局の電波強度を測定し続けて、電波が一定の強度以下になると回線を切断して、より強度の強い別の回線に切り替えるようになっているのです。このしくみは「ハンドオーバー」とよばれています。

図4-56 ハンドオーバーのしくみ

移動中にも、より電波の強い基地局を探し出し、接続を切り替える。

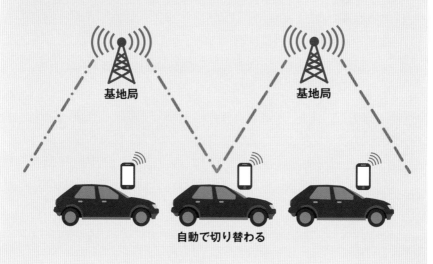

基地局　　　　　基地局

自動で切り替わる

カメラ

カメラの歴史

カメラは、昔から精密機械の代表のひとつで、シャッターや絞りなど構成部品の機械的動作に加えて、レンズを含む光学の高度な技術の結晶でした。最初は感光材料として写真フィルムを用いたアナログカメラでしたが、最近では、フィルムの代わりに電子的撮像素子を用いたデジタルカメラに移行しています。被写体からの光がファインダーに届くまでの構造の違いから、一眼レフ、二眼レフ、ミラーレス、コンパクトカメラなど多くの種類がこれまでに登場しています。

1839年	フランスのルイ・タゲールが銀板写真法を発表。
1841年	イギリスのウイリアム・タブロットがネガからポジを得る写真法を発表。
1857年	薩摩藩主の島津斉彬が銀板写真機材を輸入して写真撮影に成功。
1871年	イギリスのリチャード・マドックスが乾板による写真を発明。
1889年	アメリカのコダック社がセルロイドのロールフィルムを発売。
1903年	日本初の乾板カメラが発売。
1948年	アメリカのエドウィン・ランドがポラロイドカメラを発売。
1950年	リコーが二眼レフカメラを発売。 **写真1**
1952年	旭光学工業が一眼レフカメラ「アサヒフレックス」を発売。
1953年	オリエンタル写真工業がカラーネガフィルムを発売。
1959年	ニコンが一眼レフカメラを発売。 **写真2**

写真1 日本初の二眼レフカメラ「リコーフレックスⅢ」

性能のよさと価格の安さからカメラブームの先駆けとなり、その後のカメラの大衆化に非常に大きな役割を果たすこととなった。

写真2 一眼レフカメラル「ニコン**F**」

世界的に有名な多くの写真家やカメラマンに愛用され、一眼レフカメラがレンジファインダーカメラを席巻するきっかけとなった。

1971年	キヤノンが一眼レフカメラ「F-1」を発売。
1986年	レンズ付きフィルムカメラが発売。 写真3
1995年	カシオがデジタルコンパクトカメラを発売。 写真4
1999年	ニコンがデジタル一眼レフ「ニコンD1」を発売。
2000年	キヤノンが325万画素CMOSセンサーを搭載した「EOS D30」を発売。
2002年	京セラが35mmフルサイズ撮像素子「Contax N Digital」を発表。
2006年	コニカミノルタ社がソニーにカメラ事業を売却。
2007年	HOYAがペンタックスを子会社化。
2008年	パナソニックがミラーレス一眼カメラ「Lumix DMC-G1」を発売。
2009年	オリンパスがミラーレス「PEN E-P1」を発表。
2011年	HOYAが「ペンタックス」をリコーに売却。
2013年	ソニーが35mmミラーレス一眼カメラ「α7」を発表。
2018年	カシオがコンパクトデジタルカメラ事業から撤退。
2020年	オリンパスがカメラ事業を売却。
2021年	キヤノンが35mmミラーレス一眼カメラ「EOS R3」を発売。 写真5
	ニコンが35mmミラーレス一眼カメラ「Z9」を発売。

写真3 レンズ付きフィルムカメラ「写ルンです」

発売以来、爆発的に売れ、レンズ付きカメラの代名詞となった。その後、望遠機能やパノラマ機能を搭載したモデルなど、さまざまなモデルが登場した。

写真4 カシオ「QV-10」

構図を確認できる液晶画面を世界で初めて背面に搭載したモデル。本格的なデジタルコンパクトカメラとして大ヒットした。

写真5 キヤノンのミラーレス一眼カメラ「EOS R3」

有効画素数2410万画素、35mmのCMOSセンサーを搭載。電子シャッター時で最大30コマ/秒（カスタム高速連続撮影時は最大約195コマ/秒）の高速連続撮影が可能で、重さは約1015gとされている。

177

カメラのしくみ

カメラには、ロールフィルムに映像を焼き付けるフィルムカメラと、デジタル信号により撮像素子に映像を記録するデジタルカメラがあります。フィルムカメラは現像する必要があり、写真を手に入れるために一手間かかりますが、デジタルカメラは、その場で映像を確認できます。現在使われているカメラのほとんどがデジタルカメラとなっています。

フィルムカメラのしくみ

フィルムカメラとは、撮像のために感光剤を塗布したフィルムを使うカメラのことです。感光剤としては塩化銀、臭化銀などのハロゲン化銀を使っているので「銀塩フィルム」とよばれます。フィルムに当たった光が、ハロゲン化銀を化学反応させて画像パターンを作ります。感光したフィルムを特殊な薬品で処理すると、光の当たった部分が銀粒子に変化して黒くなり、この処理を現像といいます。1800年代の半ばに銀を利用した現像技術が開発され、1800年代後半に銀塩フィルムが世の中に出てからほぼ100年間、映像の保存には銀塩フィルムが使われてきました。

その間に、カメラ本体としては、二眼レフカメラ、一眼レフカメラ、コンパクトカメラなどが開発されました。また、レンズではさまざまな焦点距離、明るさをもった専用レンズが開発されて、レンズによる像のぼやけやひずみを小さくする試みがなされました。

フィルムカメラでは、被写体から反射された光はレンズに入り、絞りで光量が調節されます。シャッターが一瞬開くと、光がフィルムに届いてフィルムが露光されます。1枚撮り終えるとフィルムを手動もしくは自動で巻いて、隣の部分に次の映像が露光されます。フィルムを使い終わると、手動もしくは自動ですべて巻き戻し、フィルムを現像所へ持ち込んで現像します。

図4-57 フィルムカメラの構造

フィルムケースから引き出されたフィルムは、レンズの後ろ側で露光され、ケースと反対側にあるスプールに巻き取られる。すべての撮影が終わると、巻き上げレバーを使って巻き戻す。

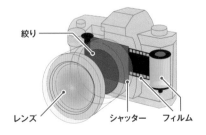

絞り

レンズ　　シャッター　　フィルム

デジタルカメラのしくみ

デジタルカメラは、CCDやCMOSなどのイメージセンサー（撮像素子）を用いることによって、映像を電気信号に変換して保存できるカメラのことをいいます。これがフィルムカメラとの大きな違いですが、置き換えたことによってシャッターの意味合いが異なりました。フィルムカメラの場合には

シャッターが開く一瞬に感光して露光時間を調節するのですが、イメージセンサーを用いたデジタルカメラでは、光の量に応じて素子にたまる電荷の量を制御する「電子シャッター」を用いることができます。高級なデジカメ一眼レフなどでは従来の「メカシャッター」も搭載していて、撮影者が選択できるようになっています。電子シャッターを使う場合にはシャッターは無音となります。

図4-58 デジタルカメラの構造

レンズから入った光を撮像素子から取り込み、電気信号に変えてSDカードなどの記憶媒体に記録する。撮像素子の画素数によって映像の精細さが決まる。

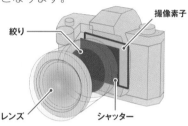

撮像素子

絞り

レンズ

シャッター

PICK UP **フィルムの種類**

写真フィルムには、白黒とカラーの2種類があり、それぞれにネガフィルムとリバーサルフィルム（ポジフィルム）があります。ネガフィルムは、色が反転した状態で記録されるフィルムで、印画紙に焼き付けることで正常な色に戻ります。一方、リバーサルフィルムは被写体の色がそのまま記録されるフィルムです。

一般に使われてきた35mmのフィルムは、ネガ1枚分の大きさが24×36mmとなっています。フィルムベースには三酢酸セルロースなどが使われ、カラーフィルムでは厚さ120μmのベース上に10層の乳剤が20μmの厚さで塗られています。

フィルムの感度は国際標準化規格（ISO）で定められていて、ISO100、ISO400などと表記されます。数が大きいほど感度がよいのですが、画質の粗さが出てくるので、通常は100や400を使います。

図4-59 フィルムの一例

カラーネガフィルム「フジカラー SUPERIA PREMIUM 400」と「フジカラー100」

イメージセンサー（撮像素子）

イメージセンサーは、レンズから入った光を取り込んで電気信号に変換するフォトダイオードとよばれる多数の半導体素子からなっています。フォトダイオードによって光を電荷として検出し、電荷を電気信号に変換します。現在は、CMOS（Complementary Metal Oxide Semiconductor：相補性金属酸化膜半導体）もしくはCCD（Charge Coupled Device：電荷結合素子）が使われています。CMOSとCCDは、ひとつひとつの素子からの信号処理が異なっています。

しばしば、デジタルカメラの性能を示す指標のひとつとして「画素数」の表記があります。画素数は、フォトダイオードの数のことです。1990年頃は40万画素でしたが、2000年頃には100万〜300万画素、2008年には1000万画素を超え、現在では3000万画素を超えるようになりました。フィルムの粒子の細かさを画素数に換算するのは難しいのですが、1000万〜1500万画素相当といわれています。

図4-60 イメージセンサー

イメージセンサーにはCMOSとCCDの2種類がある。CMOSは画質がCCDと比較して劣るといわれてきたが、近年は補正する技術が発達して、CCDとほぼ同等の画質を有する。

表4-6 CCDとCMOSの特徴

	CCD	CMOS
消費電力	多い	少ない
画質	大変よい	よい
価格	高価	安価

デジタル一眼レフカメラ

一眼レフの「一眼」とは、撮影用のレンズ（眼）とファインダー用のレンズがひとつであること（同一であること）を意味しています。「レフ」は英語のreflex（反射）の省略形です。一眼レフカメラは、英語ではsingle-lens reflex cameraといいます。

デジタル一眼レフカメラでは、レンズから入った光は絞りで調節されてからミラーで反射されて、ペンタプリズム（五角柱のプリズム）に進み、プリズムの中でさらに2回反射されてファインダーに到達します。この光を撮影者がファインダーを通して映像として目でみることになります。撮影者がシャッ

ターボタンを押すと、ミラーが上に跳ね上がり、レンズから入った光が開いたシャッターを通って撮像素子に届き、画像が素子に記録されることになります。カメラの音の代名詞である「カ

シャッ」という音は機械的構造のメカシャッターが開閉するときの音に加えて、ミラーが角度を変えて戻るときの音と考えられています。

図4-61 一眼レフカメラの撮像メカニズム

シャッター閉鎖時（上）と撮影時（下）。シャッター閉鎖時にはミラーの反射によって被写体がファインダーに写り、撮影時にはミラーが上がって被写体からの光が撮像素子に届く。

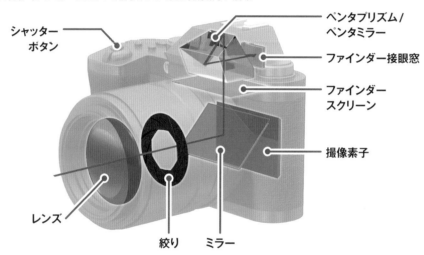

シャッターボタン

ペンタプリズム／ペンタミラー

ファインダー接眼窓

ファインダースクリーン

撮像素子

レンズ

絞り　ミラー

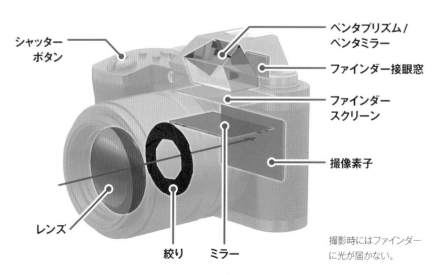

シャッターボタン

ペンタプリズム／ペンタミラー

ファインダー接眼窓

ファインダースクリーン

撮像素子

レンズ

絞り　ミラー

撮影時にはファインダーに光が届かない。

ミラーレス一眼カメラ

ミラーレス一眼カメラでは撮影対象からの光が撮像素子に直接届き、電子ビューファインダーでは撮像素子から分岐させた電気信号でファインダーにある液晶モニターに撮影像を描きます。ミラーやペンタプリズムをカメラ内部で省くことができるので、カメラ本体は薄型で軽量にすることができます。

また、多くのミラーレス一眼カメラでは、通常のデジタル一眼カメラと同様に「メカシャッター」と「電子シャッター」の2種類が搭載されています。写真撮影の専門家がカメラに対して特にこだわるのは、ファインダーからみえる被写体と実際に撮影された映像が一致することです。長い間一眼レフカメラが使用されてきた理由もここにあります。

図4-62 一眼レフカメラとミラーレス一眼カメラとの違い

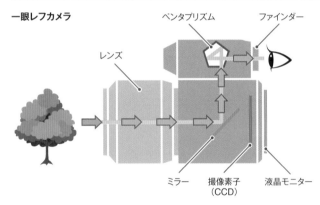

一眼レフカメラ

ペンタプリズム　　ファインダー

レンズ

ミラー　　撮像素子　　液晶モニター
　　　　　（CCD）

一眼レフでは、ファインダーからみえる被写体と実際に撮影された映像が一致する。

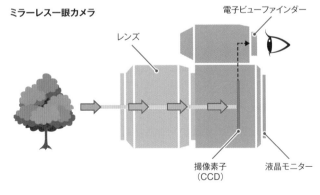

ミラーレス一眼カメラ

電子ビューファインダー

レンズ

撮像素子　　液晶モニター
（CCD）

ミラーレスでは、撮像素子に直接届いた光の信号が、電気信号として電子ビューファインダーの液晶モニターに送られ、像を描き出す。

PICK UP 主流になったミラーレス一眼カメラ

近年はミラーレス一眼カメラへの移行が進み、一眼レフカメラの開発はほとんどのメーカーが終了宣言を出しました。通常の一眼レフカメラとミラーレス一眼カメラでは画質は同等ですが、ミラーレスカメラは小さくて軽く、扱いやすいのが特長です。電子ビューファインダーは視野の100%を表示でき、フォーカスを合わせる速度も同等もしくはミラーレス一眼カメラのほうが速いとされています。

移行の際の課題となったのは、これまで開発されたレンズが使えなかったことでした。しかし、この問題に関しては、十分な時間をかけて専用のレンズが開発されたのと同時に、アダプターを使うことで、旧式の一眼レフカメラのレンズも利用可能となりました。

残る課題は、常に通電しているミラーレスはバッテリーの持続時間が短いということであり、この問題を解決するために、新たなバッテリーの開発が求められています。

図4-63 さまざまなミラーレス一眼カメラ

現在、多くのメーカーからさまざまな特徴をもったモデルが発売され、人気を集めている。

高速、高精度で広範囲の追尾が可能なキヤノンのEOS Rシリーズ

機動性が高くレンズの種類が豊富なソニーのαシリーズ

高画質で自然な色合いを特徴とするニコンのZシリーズ

フィルムのような質感を再現できる富士フイルムのXシリーズ

スマートウォッチ

スマートウォッチの歴史

身体に取り付けられるIoT（Internet of Things）機器をウエアラブルデバイスといいます。腕時計型、眼鏡型、衣服型などがあり、特に腕時計型を「スマートウォッチ」とよんでいます。1970年代に時計表示をデジタル化することから始まりましたが、その後は、腕時計にCPUや各種のセンサーも搭載して、コンピュータやスマートフォンとの通信もできるようになりました。現在では、超小型のコンピュータや携帯情報端末とみなすことができます。

1972年	アメリカで世界初のデジタル腕時計が登場。 写真1
1977年	キーボードを備えたLED式のデジタル時計が登場。 写真2
1982年	トミーからゲーム機能付き腕時計「ウォッチマン」が発売される。
1984年	高性能CPUを備え、BASIC言語で動く腕時計型コンピュータが発売。 写真3
	CPUを備えてパソコンと接続できる腕時計が発売。 写真4
1990年	セイコーエプソンからポケベルウォッチ（ポケットベルの機能をもった腕時計）「レセプター」が発売。
1994年	スケジュール管理ができる腕時計型携帯情報端末が登場。
1999年	サムスン社が腕時計型携帯電話「SPH-WP10」を発売。
2006年	携帯電話とブルートゥースで通信し、着信通知・メッセージ表示機能のある腕時計が発売。

写真1 ハミルトン社の「ハミルトン パルサー」

表示にはLCDではなく赤色LEDを用いていた。商品名には、腕時計という名前ではなく、「コンピュータ」を使った。

写真2 世界初のキーボード付きデジタル時計「HP-01」

アメリカのヒューレット・パッカード社から発売され、電卓やストップウォッチ、カレンダーなどを備えていた。

2010年以降	人体の活動のようすを計測できるさまざまなセンサーを備えた機種が次々と登場。
2014年	スマートウォッチ用OS「Android Wear（今のWear OS）」が登場。**写真5**
2015年	アップルウォッチが発売される。**写真6**
	マイクロソフト社が健康管理を目的としたリストバンド型ウエアラブル端末を発売。
2020年	アメリカの食品医薬品局が、悪夢を検出して、睡眠の改善を目的としたアプリを承認。
2021年	ファーウェイ社が血中酸素飽和度を測定できるアプリをアップデート開始。

写真3 高性能CPUを備えた腕時計型コンピュータ「UC-2000」

服部セイコー（現セイコーウオッチ）から発売され、無線によるデータ通信によって、別売のキーボードでの操作が可能だった。

写真4 パソコンと接続できる腕時計型コンピュータ「RC-20」

諏訪精工舎（現セイコーエプソン）から発売され、パソコンと接続することで、スケジュール管理などのほか、パソコンで動くさまざまなプログラムを実行することができた。

写真5 アンドロイドを搭載したG-Shock

グーグル社がスマートフォン用OSであるアンドロイドをもとに開発した「Wear OS」を採用。Wear OSは、スマートウォッチのOSとして広く採用されている。

写真6 シェアNo.1を誇るアップルウォッチ

アップル社が開発したスマートウォッチで、「Watch OS」というOSを採用。2015年に初代モデルが発売されて以来、スマートウォッチ市場で最も多くのシェアを獲得している。

スマートウォッチのしくみ

スマートウォッチは、腕時計の形をした、持ち運びのできる（ウエアラブルな）超小型のコンピュータです。内部にCPUだけではなく、さまざまなセンサーや機能が組み込まれています。それらを使って、本来の時計機能に加えて、周囲のコンピュータやスマートフォンと通信することにより、電話機能、スケジュール管理、健康管理などができる機種もあります。

図4-64 血圧・心拍数計
皮膚の下にある血管に光を当て、血流の変化による光の反射量の変化を測定することで、心拍数やおよその血圧を計測する。心拍数は、微弱な電気信号によって測定する方式もある。

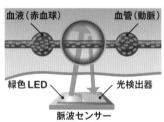

血液（赤血球）　血管（動脈）
緑色LED　光検出器
脈波センサー

図4-65 現在位置確認
GPS（全地球測位システム）を利用して現在地を割り出し、地図の上に重ね合わせて表示する。

各種センサーによる身体や周囲の情報の感知

　スマートウォッチにはさまざまなセンサーが組み込まれていて、それらのセンサーからの情報に基づいて内部で演算処理したり、アプリにその情報を転送したりすることにより、身体や周囲の情報の感知などをおこなっています。センサーとしては光センサー、赤外線センサー、加速度センサー、圧力センサーなどが組み込まれており、装着している人の脈拍や血圧、血中酸素飽和度などの測定ができます。これらをアプリに転送すれば健康管理も可能です。

　また、GPSセンサーなどを備えていて位置情報を表示できる機種もありますし、これらの情報を家族などで共有できる機種もあります。

図4-66 高度計

気圧センサーで計測した気圧と、GPSセンサーによって確認した現在位置の情報を組み合わせて、高度を表示する。

図4-67 睡眠状態判定

加速度センサーによって横になっているかどうかを判定し、心拍数や血圧の変化などによって眠りの深さを判定する。

図4-68 活動量計

身体の加速度や心拍数、体温などから身体の動きを判定し、運動などによる消費カロリーを計測する。

図4-69 摂取カロリー計

体内の抵抗値の変化を計測することで、細胞の活動の度合いを判定し、1日当たりのおよその摂取カロリーを計測する。

図4-70 スマートウォッチ外部

表

裏

パネル

多くのスマートウォッチは、タッチパネルで操作できる機能を備えている。機種によっては、音声で操作できるものもある。

光センサー

緑色に発光し、その反射光を捉える。機種によっては、裏に充電接点があるものもある。

図4-71 スマートウォッチ内部

表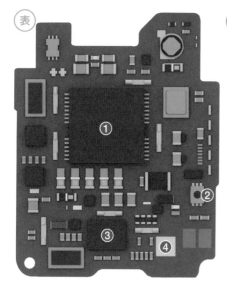

裏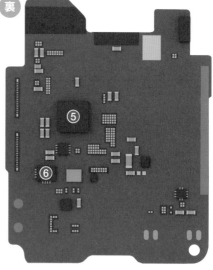

狭いスペースに、超小型のさまざまな部品がびっしりと内蔵されている。

❶メインメモリ
❷加速度計・ジャイロスコープ
❸パワーマネジメントIC
❹マイク
❺タッチスクリーンコントローラー
❻ブルートゥースコントローラー

図4-72 電子マネー決済
クレジットカードと連携させたスマートフォンの専用
アプリを操作したり、駅やコンビニなどにある専用端
末にかざしたりすることで、電子マネーをチャージす
ることができる。使用時には、スマートウォッチ本体
を非接触型の決済端末にかざして支払う。

⚙ スマートフォンのさまざまな機能をサポート

　スマートウォッチは、時刻表示やタイマー、アラームなど、時計の基本的な機能を備えています。それらに加えて、スマートフォンとの連携によって、スマートフォンのさまざまな機能を手元で簡単におこなえる機能も備えているのが特長です。

　スマートフォンへの着信やメールの受信を知らせたりできるほかに、スマートフォンの音楽プレーヤーを操作したり、カメラを遠隔操作したり、クレジットカードと連携させたスマートフォン

の専用アプリで買い物の電子決済をおこなうこともできます。スマートフォンを取り出さなくても通話ができるハンズフリー通話機能や、スマートフォンを音声で操作できる機種もあります。

PICK UP ウエアラブル端末の未来

　スマートウォッチをはじめとするウエアラブル端末に期待されるのは、スマートフォンとの連携および身体各部の状態を把握するセンサーとしての機能です。現在、センサーによって集められたデータは、主に個人での健康管理に利用されていますが、一部の企業などではネットワークを通じてこれらのデータを集め、分析することで、社員の健康管理をより的確におこなう取り組みを始めています。個人情報流出の問題などのハードルがありますが、将来的に社会全体でこのようなデータを収集、活用することが可能になれば、さまざまな病気の予防や治療が今まで以上に的確にできるようになるかもしれません。

ムーアの法則とスーパーコンピュータ

　コンピュータの頭脳である中央演算処理装置（CPU）の処理速度は、コンピュータの性能を大きく左右します。この処理速度にはさまざまな技術が関係していますが、そのひとつが集積回路に搭載している素子の数です。素子の数が多いほど、多くの演算を短時間でおこなうことにつながります。インテル社の創業者のひとりであるゴードン・ムーア氏が、「18カ月ごとに素子の数は倍増する」と1965年に発表し、その見解をもとにカリフォルニア工科大学のカーバー・ミード教授が提唱したこの法則は、「ムーアの法則」とよばれています。ムーアの法則は経験則に近いものですが、今日までほぼその通りに集積回路の高密度化が進んでいます。

　集積回路の性能は素子の数だけではなく、クロック数とよばれる処理をおこなうタイミングをとる周波数なども大きな影響を与えます。ちなみに、1971年に発表されたインテル社の4004というCPUは2300素子で、741kHzのクロックを使っていましたが、最近のCPUでは素子数で100万倍、クロック数で6000倍になっています。

　このようにCPUをはじめとする集積回路の性能は向上してきましたが、コンピュータはCPUの単一性能向上を待つことなく、複数のCPUを搭載する並列コンピュータにより能力向上を目指す動きが歴史的に試みられてきました。単一CPUから並列化され、CPU能力向上により単一になり、さらに並列化されて処理能力の向上を図るというシーソーゲームです。

　現在では、CPU数、コア数、ノード数などの用語が混在して使われていますが、我が国で開発されたスーパーコンピュータ「富岳」は16万ノードを有する並列コンピュータです。最初に登場したスーパーコンピュータはCray-1とよばれ、1976年にアメリカのロスアラモス国立研究所で稼働しました。当時はとてつもなく能力の高いコンピュータであったの

ですが、現在では私たちが利用しているノート型コンピュータの性能のほうが上であるといわれています。

そのように処理能力の高いコンピュータを使うと、日本的な考えでは、数時間かかっていたものが数分で計算できるなどといわれます。しかし、欧米の研究者の中には、別の考え方をする研究者がいて、コンピュータのまったく新しい使い方などについて多くの議論がおこなわれました。その結果、コンピュータによる仮想現実に関する研究や、コンピュータの中で生命現象の再現をする人工生命に関する研究などがおこなわれました。

▼16万ノードを有する並列コンピュータ「富岳」。

第 5 章

乗り物

　最後の章では乗り物としての機械について、そのしくみを紹介します。いわゆる産業革命はイギリスで18世紀に繊維工業を中心に起こったとされています。ドイツでは100年ほど遅れて重工業を中心に拡がりをみせ、ガソリンエンジンを搭載した自動車産業が発達しました。そのガソリンエンジン車は環境保全の意識の高まりによって電気自動車へとシフトしています。そのほか、自転車、車いすについて、変遷ぶりを含めて解説しました。

自動車

自動車の歴史

自動車は、速く、自由な移動手段として、時には大量に、遠方までの荷物の運搬手段として、私たちの生活に密接な乗り物として発達してきました。自動車の動力としても、ガソリン、軽油を利用したエンジン車、ハイブリッド車、電気自動車、水素エンジン車、燃料電池車などが登場しています。また、自動運転の試みが段階を追って具体化されつつあり、さらに車同士の通信により多くの可能性を秘めた「つながる車（コネクテッドカー）」の構想が進展しています。

1769年	蒸気自動車が誕生。
1886年	ドイツでダイムラー社、ベンツ社がそれぞれガソリンエンジン車を製作。 写真1
1892年	ドイツのルドルフ・ディーゼルが圧縮点火エンジンの特許を取得。
1896年	アメリカのヘンリー・フォードがガソリンエンジンの自動車を開発。
1898年	ローナー社のフェルナンド・ポルシェが電気自動車を開発。 写真2
1905年	ローナー社とポルシェがハイブリッド車の先駆けとなる「ミクステ」を発表。 写真3
1907年	日本で国産第1号のガソリン自動車が登場。 写真4
1918年	日本の快進社自動車工場（現日産自動車、いすゞ自動車）が「ダット41型」自動車を発売。
1923年	ドイツのベンツ社がディーゼルエンジントラックの量産を開始。

写真1 ベンツ社のガソリンエンジン車

4輪ではなく3輪で、後輪の間に置いたエンジンで後輪を動かした。「ベンツ・パテント・モートールヴァーゲン」と名付けられた。

写真2 ポルシェの電気自動車

「エッガー・ローナー電気自動車P1」とよばれた。当時は、床の上に運転席や後部座席などが載せられており、時速35kmで走ることができた。

1932年	ダット自動車製造が「ダットサン」を発売。
1933年	豊田自動織機製作所が自動車部（現トヨタ自動車）を設立。
1934年	ダット自動車製造が日産自動車に社名変更。
1937年	トヨタ自動車工業が設立。
1948年	本田技研工業が創立され、2輪車を製造・販売。
1959年	トヨタの「クラウン」に国産初のディーゼル乗用車が登場。
	ドイツのNSU社がロータリーエンジンを開発。
1961年	東洋工業（現マツダ）がNSU社と提携し、ロータリーエンジン研究を開始。
1962年	いすゞが2Lディーゼルエンジンを「ベレル」に搭載。
1964年	NSU社がロータリーエンジン搭載の「ヴァンケルスパイダー」を発売。
1966年	ホンダが「N360」を発売し、4輪車市場に進出。
1967年	マツダが2ロータリーエンジン搭載の「コスモスポーツ」を発売。
1974年	武蔵工業大学（現東京都市大学）が水素エンジン搭載車を試作・デモ走行を実施。
1997年	トヨタ自動車が世界初のハイブリッドカー「プリウス」を発表。 写真5
2002年	トヨタ自動車が燃料電池車「トヨタFCHV」を、ホンダが燃料電池車「FCX」を発売。

写真3 ポルシェのハイブリッド車「ミクステ」

「ローナー・ポルシェ・ミクステ・ハイブリッド」ともよばれた。ハイブリッド車の先駆けとなり、後にさまざまなハイブリッド車がつくられた。

写真4 日本初のガソリンエンジン車

有栖川宮親王の依頼で東京自動車製作所の技師らが製作し、「タクリー号」とよばれた。評判をよび、10台がつくられた。

写真5 トヨタ・プリウス

「21世紀に間に合いました」がスローガンとして使われた。600万台近く（2022年2月現在）が販売される人気車となった。

自動車のしくみ

自動車は、エンジンのほかに、**速度を調節するアクセルとブレーキ**、進む方向を変える**ステアリング**、エンジンの駆動力を車輪に伝える**トランスミッション**、車体を支えて衝撃を吸収する**サスペンション**、自動車の駆動力を地面に伝える**車輪（タイヤ）**など、さまざまな機構や部品を備えています。自動車の動力源としては、**エンジンとモーター**があり、さらにモーターを動かす電力源として**バッテリー**や水素を利用する**燃料電池**があります。

⚙ レシプロエンジンのしくみ

レシプロエンジンとは、エンジン内部のシリンダーの中で、燃料を急激に燃焼させることによりピストンを上下に運動させて動力を生み出すエンジンのことです。ガソリンを燃料とするガソリンエンジンと、軽油を用いるディーゼルエンジンがあります。

ガソリンを用いるレシプロエンジンでは、①空気とガソリンの混合気をピストンを下げることでシリンダー内部に吸入し、②ピストンを押し上げることで混合気を圧縮し、③点火プラグで発火・膨張させ、④ピストンを押し下げて排気する、というサイクルを繰り返します。ピストンの上下動はクランク軸によって回転運動になり、車輪の動力として使われます。

図5-1 レシプロエンジンのしくみ

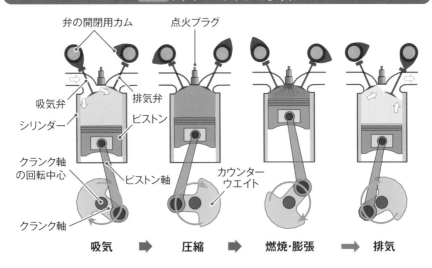

弁の開閉用カム　点火プラグ

吸気弁　排気弁
シリンダー　ピストン
クランク軸の回転中心　ピストン軸　カウンターウエイト
クランク軸

吸気　➡　圧縮　➡　燃焼・膨張　➡　排気

ガソリンエンジンでは、圧縮した混合気を点火プラグの火花で燃焼させます。一方、軽油を燃料とするディーゼルエンジンは、圧縮した空気の中に軽油を直接噴射し、自己着火させて燃焼させます。

ロータリーエンジンの しくみ

ロータリーエンジンは、断面が蚕（かいこ）の繭（まゆ）のような形状をしているハウジングと、その中で回転する三角形のおむすび型ローターで構成されています。そのハウジングとローターとの間にできる作動室とよばれるすきまの中で混合気を燃焼させて、その膨張圧力でローターを回すしくみとなっ

ています。回転運動が直接生み出されているのでクランク軸は必要なく、全体の形状が単純になるのが特徴です。

このエンジンは、レシプロエンジンに比べて部品点数が少なく、振動や騒音が低いなどの特長がありますが、一方で、製造や整備が難しいといわれています。このエンジンの元々の技術はドイツのNSU社で開発され、日本のマツダがその技術を発展させました。

図5-2 **ロータリーエンジンのしくみ**

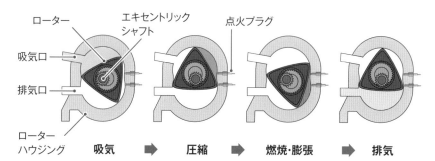

ローター　エキセントリックシャフト　点火プラグ
吸気口
排気口
ローターハウジング　　吸気　➡　圧縮　➡　燃焼・膨張　➡　排気

図5-3 **マツダのRX-8**

ロータリーエンジンは、世界でマツダだけが採用していたが、2012年にRX-8が生産終了して、その歴史に幕を下ろした。しかし、2023年にロータリーエンジンを発電機として利用した新型車が登場する予定。

第**5**章

乗り物

⚙ ハイブリッド車のしくみ

　ハイブリッドとは「2つの方式を組み合わせる」という意味をもちますが、ハイブリッド車はその名の通り、ガソリン等を燃料とするエンジンと電気で動くモーターを組み合わせたものです。通常のガソリン自動車と比較して燃費がよいという特長があります。

　ハイブリッド車では、エンジンとモーターをどのような場面でどのように稼働させるかという点については、製造各社のさまざまな工夫により異なります。しかし基本的に、エンジンの効率が悪い低速域ではモーターを利用し、エンジンの効率がよくなる中速域から高速域ではエンジンを用います。さらに、減速時は発電機を稼働させて電気を蓄えることで、エネルギーを有効に利用しています。ハイブリッド車では、ガソリン自動車に搭載されている通常のバッテリーとは別に、モーター駆動用のバッテリーを備える場合もあり、モーターの重量も加わるので車全体の重量が大きくなります。

図5-4 ハイブリッド車のしくみ

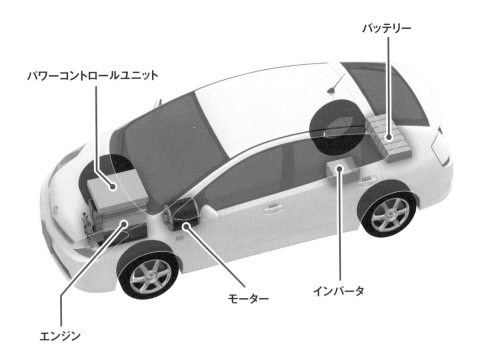

バッテリー

パワーコントロールユニット

モーター

インバータ

エンジン

PICK UP エンジンとモーターの使い分け

ハイブリッド車は、一般的に燃費がよいといわれます。燃費向上のために自動車製造各社がさまざまな工夫をして制御していますが、一般的には図のように、エンジンとモーターを使い分けることによって燃費の向上を図っています。

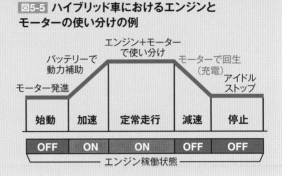

図5-5 ハイブリッド車におけるエンジンとモーターの使い分けの例

始動	加速	定常走行	減速	停止
OFF	ON	ON	OFF	OFF

エンジン稼働状態

電気自動車のしくみ

電気自動車は、基本的には電動モーターによりタイヤを回転させることで進む車です。1800年代後半にはすでに開発されていたのですが、ガソリンの入手が容易になり、ガソリンエンジンを搭載した自動車が広まったため、一度は姿を消しました。しかし、化石燃料を使うエンジン自動車は、地球温暖化の原因のひとつとなります。将来にわたる環境保全のために、CO_2排出のより少ない電気自動車への転換が世界的に急速に進んでいます。

ガソリン自動車は1回の給油で500～700km走れますが、それと同等の航続距離を得るためには、電動モーターを駆動するバッテリーの性能が重要です。最近は、主にリチウムイオン系の高性能バッテリーが搭載されています。バッテリーへの充電は、急速充電器を使う場合と、各家庭に設置できる普通充電器を使う場合とがあります。

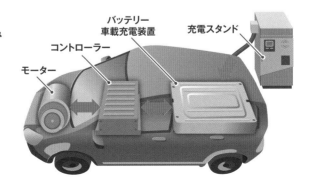

**図5-6
電気自動車のしくみ**

モーター　コントローラー　車載充電装置　バッテリー　充電スタンド

燃料電池車のしくみ

燃料電池車（FCV：Fuel Cell Vehicle）は、車に搭載した燃料電池から作られる電気を使って、モーターを回して走行する自動車です。外から取り入れた空気と、水素タンクに貯えられた水素を燃料電池に送り、水素と空気中の酸素の化学反応で電気を作ってモーターへ供給します。化学反応によってできた水は、車外に排出されます。

燃焼を伴うガソリン自動車では必ずCO_2が発生するのに対して、水しか発生させない燃料電池車は環境に優しい自動車といわれています。しかし現時点では、街中で水素を供給する「水素ステーション」の整備が進んでおらず、燃料電池車を普及させるためには、水素ステーションをガソリンスタンド並みに数多く設置することが求められます。

図5-7 燃料電池車のしくみ

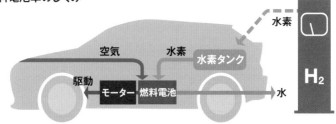

PICK UP **コネクテッドカー**

自動運転をする車の開発と並行して、つながる車（コネクテッドカー）の研究開発が進んでいます。コネクテッドカーとは、総務省の定義によれば「ICT端末としての機能を有する自動車」とされ、「平成27年版情報通信白書」には「車両の状態や周囲の道路状況などのさまざまなデータをセンサーにより取得し、ネットワークを介して集積・分析することで、新たな価値を生み出すことが期待されている」と書かれています。

コネクテッドカーの実現の背景には、通信の高速化や大量のデータの処理手法の開発があり、緊急通報システムや盗難車追跡システムなども構築できるようになります。車同士、車と道路、車と信号などをネットを介して接続することによって、車の位置を確認したり、目的地までの経路を決めたり、渋滞を回避したりするさまざまな操作を自動的におこなうことが期待されます。

燃料電池のしくみ

燃料電池は、電池という名前がついていますが、電気をためるものではなく、酸素と水素の化学反応で電気を作り出す装置です。水に電流を流して電気分解すると酸素と水素に分離します

が、燃料電池はその逆の反応を利用します。特殊な触媒からできたマイナス極で水素をイオンに分解し、そのとき分離した電子がプラス極に流れるしくみになっています。

発電と同時に熱も発生しますので、これをうまく使うことでエネルギーの利用効率を高めることもできます。

図5-8 水の電気分解と発電のしくみ

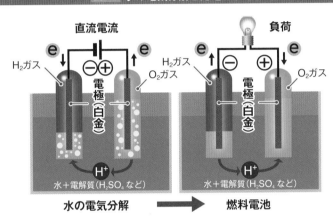

出典:FCCJ（燃料電池実用化推進協議会）　http://fccj.jp/jp/aboutfuelcell.html

図5-9 燃料電池の基本的構成

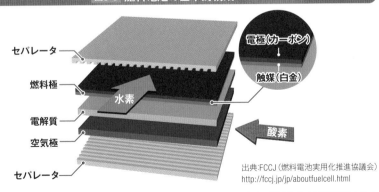

出典:FCCJ（燃料電池実用化推進協議会）
http://fccj.jp/jp/aboutfuelcell.html

燃料電池の基本単位（セル）は、プラスの電極板（空気極）とマイナスの電極板（燃料極）が電解質膜を挟んだ構造をしている。水素は電解質膜と接する面まで入り込んで、電子を遊離して水素イオンとなる。水素イオンは酸素イオンと結合して水になり、電子はプラス極に移動することによって電気を起こすことになる。

第 5 章 ｜ 乗り物

自転車

自転車の歴史

自転車は人の力で効率的に進む乗り物ですが、すでに200年以上の歴史があります。最初は人が引いていましたが、ペダルがつき、さらにチェーンを使って動力の伝達をおこなうようになりました。走り出すときや上り坂での負担を軽減するために、最近は電動アシスト自転車が人気を集めています。電動アシスト自転車は動きを生み出すモーターを積んでいますが、免許がなくても乗ることができるようになっています。

1818年	フランスでカール・フォン・ドライスが木製の二輪車を発明。 写真1
1839年	スコットランドのカークパトリック・マクミランが鉄製のペダル付き自転車を発明。 写真2
1863年	フランスのピエール・ラルマンが前輪にペダルとクランクを装備。 写真3
1869年	「2つの車輪」の造語であるBicycleが商品名として登録。
1870年頃	イギリスのジェームズ・スタンレーが「オーディナリー」を開発。 写真4
1879年	イギリスのローソンが前ギアと後ろギアをチェーンで結ぶ駆動方式を発明。
1885年	イギリスのジョン・スターレーが自転車の原型となるローバー安全型自転車を発明。 写真5
1888年	ダンロップが空気入りタイヤを発明。
1890年	宮田製銃所（現モリタ宮田工業）が日本で初めて自転車を製造。

写真1 世界初の自転車「ドライジーネ」

両足で地面を蹴って進む形式の二輪車だった。37kmを2時間30分で走ったといわれる。

写真2
世界初のペダル付き自転車「ベロシペード」

ペダルを踏み込み、蒸気機関車と同じように、力のモーメントにより車輪を回して進む方式を採用していた。足を地面から離す最初のモデルとなった。

1903年	第1回ツール・ド・フランスが開催。
1936年	イギリスのスターメーアーチャ社が内装式の変速機を開発。
1950年代半ば～	トップチューブを低くした女性用自転車の販売が拡大。
1960年代	前かごを搭載した自転車が増加。18～20インチのミニサイクルが登場。
1972年	イタリアのアラン社がアルミフレームを開発。
1971年	イタリアのカンパニョーロ社が外装式変速機を発表。
1974年	アラン社がカーボンフレームを開発。
1975年	イギリスのスピードウェル社がチタンフレームを開発。
1979年	丸石自転車（現丸石サイクル）が電動変速システムを開発。
1983年	島野工業（現シマノ）がロードバイク用の変速システムを開発。
1986年	アメリカのケストレル社がカーボンフレームを開発。
	島野工業がマウンテンバイク用の変速システムを開発。
1993年	ヤマハが電動アシスト自転車「YAMAHA PAS」を販売。
2000年	JIS規格にシティサイクルが定義。
2001年	シマノが電動・コンピュータ制御の変速機システムを発表。
2008年	道路交通法施行規則改正。電動アシスト自転車の定義変更。

写真3 前輪を直接動かす自転車

前輪にペダルとクランクがついており、今の子供用三輪車と同じしくみで進んだ。乗り心地の悪さから「骨揺らし」とよばれた。

写真4 ダルマのような「オーディナリー」

より速く走らせるため、前輪が大きくされたが、とても不安定だったといわれている。日本では、ダルマ自転車とよばれた。

写真5 現在の自転車の原型「ローバー安全型自転車」

現在も使われている、チェーンとギアによる駆動方式が初めて採用された。この機種の登場で、性能的に劣っていたオーディナリーはやがて衰退していった。

自転車のしくみ

自転車には、シティサイクル、スポーツサイクルなどがあり、本来は人力で漕いで進むものでしたが、最近になって電動モーターを備えることによって、坂道でも楽に登れる自転車も登場しています。どれも基本的な構造はほぼ同じで、フレーム、ハンドル、タイヤ、ペダル、チェーン、サドル、ブレーキなどから成り立っています。

 ## 自転車の種類

自転車は、大きく分けるとシティサイクルとスポーツサイクルに分類できます。スポーツサイクルにはクロスバイク、ロードバイク、マウンテンバイクなどがあります。街中で利用するとき、サイクリングをするときなどと使い分けて楽しむことができます。

表5-1 自転車の種類

種類		特徴
シティサイクル		普段の街中で乗るのに適している トップチューブが低くて乗り降りしやすい かごやライトなどを容易に取り付けられる
スポーツサイクル	クロスバイク	普段使いから軽い運動まで幅広く使える 安定感のある太めのタイヤ フラットなハンドル
	ロードバイク	本格的サイクリング向け 前傾姿勢をとりやすいようなハンドル 車体重量を極限まで軽くしている
	マウンテンバイク	山道などの走りに適している フレームやタイヤが太く、安定感が高い

 ## フレーム形状

現在、広く普及している自転車は、フロントフォークが傾斜しており、後輪をチェーンで駆動させる、安全型自転車とよばれるタイプです。このデザインは、多くの自転車職人の間に広まり、さまざまなフレームの形が試作されてきました。その中で、最後まで生き残ったダイヤモンドフレームは、現在でも自転車のフレームの基本設計として残っています。JISでは、いろいろな形のフレームが示されています。

図5-10 自転車各部の名称

シートポスト / サドル / ステム / クイルステム / ハンドル
シートクランプ / トップチューブ / ブレーキバー
ブレーキ / シートステイ / ブレーキアーチ
リア スプロケット / シートチューブ / ブレーキシュー
ダウンチューブ / フロント フォーク
ハブ（車軸）
リア ディレイラー
チェーン / ペダル / タイヤ / リム / バルブ / スポーク
チェーンステイ / フロントスプロケット / フロントディレイラー

> どのようなタイプの自転車も基本的な構造はほぼ同じで、上記のようなパーツから成り立っている。

表5-2 JISに示されているフレーム形状（抜粋）

形状の種類	フレーム形状の例		
ダイヤモンド形	（基本形）	（ダブルトップ形）	（カンチレバー形）
その他（抜粋）	スタッガード形	パラレル形	ミキスト形
	ダブルループ形	ループ形	ベルソー形

PICK UP 「自転車」の呼称

　自転車という呼称には諸説がありますが、フランスで1818年に発明された二輪車を「ドライジーネ（draisine）」とよび、また、イギリスでは人間が漕ぐ2〜4輪の車を「ベロシペード（velocipede）」とよびました。その後、イギリスで1870年頃に登場した前輪の大きな自転車を「オーディナリー（ordinary）」とよび、さらに、自転車を意味する「bicycle」は1869年に残された記録に出てきます。日本では1870年に自転車と名付けられた三輪の車が登場しています。

⚙ ブレーキのしくみ

　自転車が速度の大きな乗り物である以上は、速度を落とすためのブレーキが重要な役割を担っています。ブレーキの主な形式として、ハブブレーキ、リムブレーキ、ディスクブレーキがあります。

　ハブブレーキは、後輪のハブ（車軸）部分につけられており、内部のしくみはいろいろなタイプがあるのですが、バンドブレーキとローラーブレーキが代表的なものです。バンドブレーキは手でブレーキをかけると内部のバンドが引っ張られることによって中心の円筒に巻き付き、回転を抑える働きをします。またローラーブレーキという形式は内部にあるローラーが外側に押し付けられることによって回転を抑える働きになっています。

　ハブブレーキのほかにも、リムを挟み込むリムブレーキ、円盤を挟み込むディスクブレーキがありますが、これらは目で働きを確認することができます。

図5-11 ハブブレーキ（バンドブレーキ）

①レバーが引かれる。
②バンドが引っ張られる。
③バンドが中心の円筒を押さえる。

図5-12 リムブレーキ

ブレーキシュー（矢印の部分）で車輪のリムを両側から挟み込む。

図5-13 ディスクブレーキ

ブレーキパッド（矢印の内部にある）で円盤（ディスク）を挟み込む。

⚙ 変速機のしくみ

　自転車は人の力で漕いで進むものなので、上り坂などではペダルが重くなります。その場合は自転車のギアを変更して、平坦地を走るのと同じ程度に負荷をかけると疲れがたまりにくくなります。

　ギアを変更する変速機には、内装式変速機と外装式変速機とがあります。内装式は主に後輪のハブ（車軸）の部分に組み込まれています。遊星歯車機構を使っていて、シティサイクルでは3段程度、クロスバイクでは8段程度変えることができます。停止した状態でも変速できること、変速の音が静かなこと、チェーンが外れにくいことなどが長所ですが、重量が大きいという欠点があります。

　外装式は、ディレイラーとよばれる部品がレバー操作によって左右に動き、チェーンを大きさの異なるスプロケット（車輪に固定されている歯車）にかけ替える方式です。軽量でメンテナンスがしやすい反面、チェーンが外れやすいという欠点があります。

図5-14 内装式変速機

図5-15 外装式変速機

図5-16 遊星歯車機構の模式図

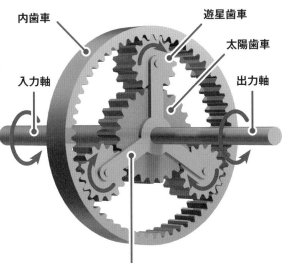

内歯車　遊星歯車　太陽歯車

入力軸　出力軸

遊星キャリア

入力軸の回転数を大幅に減速して、
出力軸から出力することができる。

⚙ 電動アシスト自転車の しくみ

電動アシストの方法にはいくつかあり、ペダルのついている駆動軸にアシスト力を加える方法と、チェーンに直接アシスト力を加える方法があります。駆動軸にアシスト力を加える方法では、人が漕ぐ力をチェーンに伝えるドライブスプロケット（フロントスプロケット）に加えて、モーターで駆動する電動ア

シスト用スプロケットによって力を増幅しています。

電動アシストするタイミングは、自転車を漕ぎ出したときと上り坂のときなので、ペダルから伝わる「漕ぐ力」をトルクセンサーで測定し、車輪に取り付けられた速度センサーからの信号を考慮して、アシストするタイミングを制御しています。速度が24km/h以上になるとアシストは停止します。

図5-17 電動アシストのしくみ

── 前方からみたところ ──

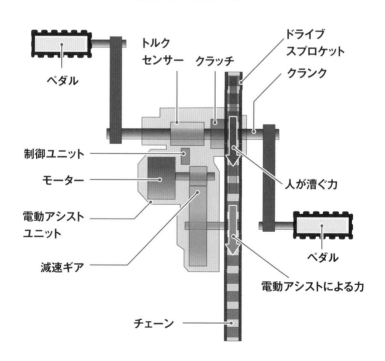

図5-18 電動アシスト自転車のさまざまなセンサー

①クランク回転センサー
ペダルクランクを回す速さを計測
②トルクセンサー
ペダルにかけた力の大きさを計測
③スピードセンサー
走行速度を計測

 ## 電動アシスト自転車に関わる規定

　一般的に「電動アシスト自転車」は、道路交通法施行規則で規定される、「人の力に対する補助力として電動モーターによる力が加わるもの」であり、この基準に適合していなければ自転車として公道を走行することはできません。

　基準では、人の力に対するモーターによる補助力の比（アシスト比率）が10km/h未満では最大2になります。

10km/h以上では走行速度が上がるほどアシスト比率が徐々に減少して、24km/hでは0になること、などがあります。

図5-19 電動アシスト自転車に関する規定

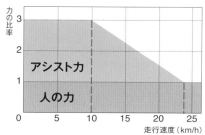

出典：国民生活センター
報道発表資料（平成29年6月29日）

PICK UP　タイヤの大きさ

　シティサイクルのタイヤの直径は、大人用で20～27インチです。26インチは約660mm、27インチは約686mmです。一方で、スポーツサイクルでは700×23Cなどという表記が使われ、おおよその外径が700mm、タイヤ幅が23mmであることを示しています。タイヤのサイズは、本来はイギリス由来のインチ表記やフランス由来のミリ表記、さらにはアメリカのインチ表記が混在していたために、このような状況が生まれたようです。

　これを解消するためにETRTO（エトルト）規格が設定され、タイヤにはこの表記が義務づけられています。

車いす

車いすの歴史

歩行が不自由な方にとって車いすは大切な移動手段のひとつです。今から約400年前にはヨーロッパで使われ始め、アメリカでも約150年前には使われていました。1930年代には、金属製の折り畳み車いすが製品化されました。また、障がい者スポーツが注目され、競技専用の車いすなども開発されています。さらに、近年は、重心移動によって動くものや、脳波を利用することで考えた方向に進む車いすの開発も進んでいます。

1595年	スペインのフェリペ2世が手押し式の車いすに乗っていた記録。 写真1
1655年	ドイツのステファン・ファーフラーが自走式の手漕ぎの3輪車を開発。
1871年	アメリカのコネティカットで木製の車いすが製作。 写真2
1933年	アメリカのエベレスト・ジェニングス社が世界初の折り畳み式車いすを製品化。 写真3
1936年	北島商会（現ケイアイ）が日本初の車いすを製作し、傷痍軍人療養所などに納入。 写真4
1949年	身体障害者福祉法が成立し、補装具（車いす）の交付が盛り込まれる。
1950年頃	北島商会が北島式折り畳み手動運動車を製造・販売。
1964年	東京オリンピックが開催。
1965年	車いすスポーツに関する研究会が発足。

写真1 フェリペ2世の車いす

足置きとひじかけがついていて、リクライニング機能をもっていた。4つの小さな車輪を備えていたが、前輪の向きが固定されており、動き回るには向いていなかった。

写真2 木製車いす

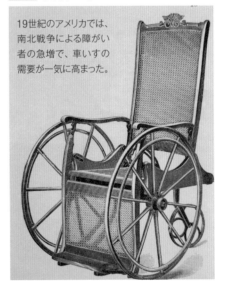

19世紀のアメリカでは、南北戦争による障がい者の急増で、車いすの需要が一気に高まった。

1968年	八重洲リハビリが国産初の電動ユニット付き車いすを開発。
1979年	鈴木自動車工業（現スズキ）がモジュール電動車いす「スズキモーターチェアーMC-10」を発売。
1985年	鈴木自動車工業が国内初のハンドル型電動車いすを発売。 写真5
1990年代	ファッション性に富んだ車いすの製造が始まる。
2001年	アメリカのセグウェイ社が「セグウェイ・ヒューマン・トランスポーター」を発売。
2010年代	WHILLが近距離移動型の電動車いすを開発・販売。 写真6
2013年	セグウェイ社が「ミニセグウェイ」を発売。
2014年	ヤマハが電動アシスト車いす「JWスウィング」を発売。

写真3 世界初の折り畳み式車いす

軽い金属製で、自動車に積み込んで移動が可能だった。後の車いすに大きな影響を与えた。

写真4 日本初の車いす

「箱根式車いす」とよばれた。製作した北島商会は、医療機器メーカーだった。

写真5 国内初のハンドル型電動車いす

原動機付き自転車に似ているが、スピードはあまり出ず、免許なしで乗ることができる。

写真6 近距離移動型の電動車いす

5時間の充電で18kmを移動することができる。誰でも簡単に使うことができる近距離モビリティとして人気をよんでいる。

211

車いすのしくみ

車いすには、利用する方が車輪を自分で動かして進む自走式車いすと、電動モーターで動く電動車いすの2種類があります。1950年代から基本的な構造は変わりませんが、1990年代からファッション性を取り入れ、利用する方が使いやすく、また便利な機能を備えるようになりました。さらに、高齢化に対応した新たなモビリティとして利用が広がっています。

 ## 自走式車いすのしくみ

　歩行が不自由な方が利用する一般的な自走式車いすは、乗っている方が自分で漕ぐ場合はハンドリムを手で回転させることで車輪を動かし、補助者・介護者がいる場合は手押しハンドルを使って移動します。

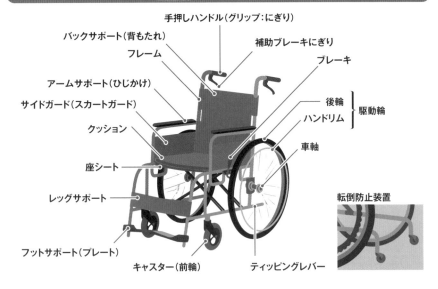

図5-20 車いすの各部名称

- 手押しハンドル（グリップ：にぎり）
- バックサポート（背もたれ）
- フレーム
- 補助ブレーキにぎり
- ブレーキ
- アームサポート（ひじかけ）
- サイドガード（スカートガード）
- クッション
- 後輪
- ハンドリム
- 駆動輪
- 車軸
- 座シート
- レッグサポート
- フットサポート（プレート）
- キャスター（前輪）
- ティッピングレバー
- 転倒防止装置

 ## 電動車いすのしくみ

　電動車いすとは、搭載しているバッテリーの電気を利用して電動機を動かして進む車いすです。道路交通法では歩行者の扱いになるので運転免許なしで動かすことができ、歩道を走行します。車体の大きさが、長さ120cm、幅70cm、高さ120cmに収まる大きさで、

電動機を用い、最高速度は時速6㎞にするなど規則で決まっています。運転者は手元に取り付けられたジョイスティックを用いて操作することが多いですが、シニアカーや電動カートなどとよばれる、ハンドルで操作する車いすもあります。

図5-21　電動車いすの例

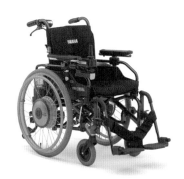

ジョイスティック型

ハンドル型

PICK UP　パラスポーツ用車いす

　パラスポーツ用車いすは、フィールドトラック用、テニス用、バスケット用など競技に合わせた多くの種類が開発されています。基本的には転倒しにくいように、車輪は前から見て「ハの字」型に傾斜しており、傾斜をつけることによってハンドリムが競技者にとって操りやすくなっています。パラリンピックは4年ごとに開催されますが、そのたびに素材や形状など、車いすに使われる技術は向上しています。

図5-22　陸上競技用車いす（レーサー）

図5-23　テニス用車いす

重心移動で動く車いす

中国の上海に本社を構えるナインボットという企業（2012年設立）は、重心移動することによって進む車いすを開発しました。大きさは縦・横が両方とも60cm程度、高さも50cmほどで、重さが39kgとされています。速度は時速6〜9kmで、約15°の上り坂も上ることができます。

足の不自由な方だけではなく、手軽な移動手段（モビリティ）としての利用も想定しているようです。なお、この企業は2015年にアメリカのセグウェイ社を買収した企業としても話題になりました。

図5-24
重心移動で進む車いす「ナインボット・ニノ」

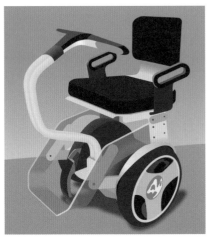

PICK UP **「セグウェイ」は新しい車いす!?**

2001年、アメリカのセグウェイ社（現セグウェイ・ナインボット社）は、複数のジャイロスコープや加速度センサーで重心移動を感知しながら進むという特殊な二輪車「セグウェイ」を新たな移動手段として発表し、世界中の話題をさらいました。ちなみに日本でも、1989年に山藤和男氏がセグウェイと同じような乗り物の制御装置を「平行二輪車の同調および操舵制御」と題して学術論文に投稿して特許も取得しましたが、販売には至りませんでした。

セグウェイのような二輪車は基本的には「車いす」ですが、「従来の車いす」と同列に考えるかどうかについては意見が分かれるところです。いずれにしても、車いすが高齢者の移動手段となり、スポーツに使われ、一方で遊び道具として使われるようになって初めて社会で通用するモビリティとなるのだと思います。

図5-25 **Segway PT i2 SE**

脳波で動く車いす

病気や怪我のために、移動時に車いすを使う必要のある方がいます。現在の車いすは基本的に手を使って操縦しますが、手の動きが不自由になってしまうと介助者が必要になり、自分で動くことが困難になります。そのような場合を想定して、頭で考えるだけで動かせる車いすの開発が進められています。

1990年代後半から、脳の情報を取り出して活用する研究がおこなわれてきました。脳の活動から、外界からの刺激の受け取り方や行動あるいは認知状態を読み取る技術を脳情報デコーディングといいますが、この脳情報デコーディングを利用して機械やコンピュータを動かす技術をBMI（Brain Machine Interface）、BCI（Brain Computer Interface）とよんでいます。

脳から情報を取り出す方法としては、脳に電極を差し込む侵襲的方法と、脳波計測、脳磁場計測、脳の血流変化などを外部から計測する非侵襲的方法があります。非侵襲的方法は身体を傷つけることなく、帽子のようにかぶって脳波を計測するセンサーや前頭部や頭頂部から信号をとるなど、かなり簡素化した測定装置を使うことができます。脳の情報は、コンピュータと連動した車いすに送られて、トレーニングを積み重ねることで車いすを動かすことができるような研究が進められています。

図5-26 脳波計測装置の例

脳波計測装置を車いすと連携させることで、あらかじめプログラムした場所へ移動することができる車いす。

写真提供：金沢工業大学 情報工学科 中沢研究室

ロータリーエンジンが実用化されにくいわけ

多くの車両に搭載されているレシプロエンジンは、円筒状のシリンダーの中で気化したガソリンを爆発させて、そのときの圧力でピストンを上下動させ、さらにその上下動をクランクシャフトにより回転運動に変換しています。一方で、ロータリーエンジンはローターが回転しながらエンジン本体とのすきまを燃焼室として利用しているので、往復動から回転への変換を省略することができます。そのためにエンジンを構成する機械部品の点数が減ることによってエンジンを小型で軽量にできます。このことは、車両設計の際に前後の車輪が受ける荷重の分配について最適化に貢献することができます。また、力の作用方向を変える必要がないので全体としてのエネルギー効率がよくなります。さらにエンジンを駆動した際の独特の回転音が、一部の愛好家に高く評価されました。特に乗り物では、エンジンなどから発せられる音質はドライバーにとって車種の選択を左右する大切な要素となります。

これらの利点を生かすために、1960年代から70年代にかけて、ドイツのダイムラー・ベンツ社、アメリカのGM社、フランスのシトロエン社、日本ではトヨタ、日産などもロータリーエンジンの研究開発に参入しましたが、実用化には至りませんでした。また、世界で最初に開発したNSU社も1977年にはロータリーエンジンの生産を終了したといわれています。

ロータリーエンジンは軽量、コンパクトで振動が少ないといった長所がある反面、課題も数多くあります。まず、燃焼室が偏平で細長い形状をしているため、気化したガソリンの火炎が伝わるのに時間を要するので、効率を向上させるのが難しいとされています。また燃焼室の表面積が大きいために冷却による損失が大きく、シール部分が長いためにガスの漏れが多いのも短所にあげることができます。さらに、ロータリーエンジンはエンジンオイルがガソリンと一緒

に燃焼してしまうので、エンジンオイルの補給を定期的に求められます。これらの課題は、エンジンの構造そのものに由来するので改善は難しいとされています。

　ガソリンエンジンは、近年のカーボンニュートラル政策に基づいて、電気自動車や水素自動車へのシフトがおこなわれています。ロータリーエンジンでも水素を利用する試みは

なされたのですがうまくいかず、結局のところ、ロータリーエンジンを発電専用として車載用に復活させるとの発表がおこなわれました。環境保全は大切な政策であるので、これまでの技術の見直しが必要となった今こそがさまざまな形式のエンジンを開発する技術者の頑張りどころだと思います。

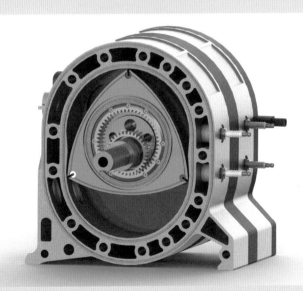

▼おむすび型ローターのロータリーエンジン。

索引

画像提供・協力

アイリスオーヤマ株式会社　アイロボット　Ampleon Philippines Inc.　岩谷産業株式会社　Intel Corporation　WHILL株式会社　NTT　NTT技術史料館　株式会社NTTドコモ　エレコム株式会社　株式会社オーム電機　ガーミンジャパン株式会社　カシオ計算機株式会社　金沢工業大学 情報工学科 中沢研究室　株式会社唐沢製作所　キヤノンマーケティングジャパン株式会社　株式会社くうかん　久能山東照宮博物館　国立研究開発法人情報通信研究機構　国立歴史民俗博物館　Koss Corporation　株式会社コロナ　SAKETIMES編集部　サムスン電子ジャパン株式会社　シチズン時計株式会社　シック・ジャパン株式会社　シャープ株式会社　スウォッチ グループ ジャパン　スズキ株式会社　セイコーエプソン株式会社　セイコーグループ株式会社　セグウェイジャパン株式会社　ソニーグループ株式会社　ソリスジャパン株式会社　ダイキン工業株式会社　ダイソン株式会社　株式会社タニタ　東京ガスネットワーク ガスミュージアム　東京大学総合研究博物館　東芝デバイス&ストレージ株式会社　東芝未来科学館　東芝ライテック株式会社　東芝ライフスタイル株式会社　トヨタ自動車株式会社　株式会社ニコンイメージングジャパン　ニベア花王株式会社　日本IBM　株式会社日本HP　日本自転車文化協会　日本電気株式会社　ニルフィスク株式会社　野坂オートマタ美術館　株式会社バッファロー　パナソニック株式会社　パラマウントベッド株式会社　P&Gジャパン合同会社　日立グローバルライフソリューションズ株式会社　日立ジョンソンコントロールズ空調株式会社　株式会社フィリップス・ジャパン　富士通株式会社　株式会社富士通ゼネラル　富士フイルム株式会社　株式会社HEALBE JAPAN　BoCo株式会社　ポルシェジャパン株式会社　マクセル株式会社　マツダ株式会社　ミーレ・ジャパン株式会社　水巻町歴史資料館　三菱電機株式会社　株式会社モルテン　ヤマハ発動機株式会社　ユーロパッション株式会社　Raspberry Pi Foundation　理化学研究所　リコーイメージング株式会社　リンナイ株式会社　株式会社リンレイ

※本書に記載されている会社名、製品名は一般に各社の登録商標または商標です。
　なお、本文および図表中では、「®」「™」は表記しておりません。

写真・画像提供

iStock　ウィキペディア　Shutterstock　写真AC　ピクスタ　123RF

参考文献

第1章　キッチンの機械

●冷蔵庫　ＨＰ家庭電気文化会　家電の昭和史　冷蔵庫編／ＨＰ東芝未来科学館　1号機ものがたり　日本初の電気冷蔵庫／ＨＰ日立グローバルライフソリューションズ　お客さまサポート　PAM制御について／ＨＰWhat is Peltier Device?／ＨＰパナソニック　冷蔵庫　ストックマネージャー　●電子レンジ　ＨＰ日本電機工業会　オーブンレンジ・電子レンジ　電子レンジの歴史／栗政幸一、電子レンジについて、調理科学、vol.2 No.3（1969）165-172／一般社団法人中央調査社「中央調査報（No.607）」台所・厨房機器の保有率の推移／ＨＰDigiKey　電子レンジのマグネトロンは直に廃れてしまう？　●食器洗い乾燥機　ＨＰパナソニック　食器洗い乾燥機　開発物語／ＨＰDENHOME　ミーレの食洗機（食器洗い機）の歴史【ヨーロッパの食洗機の歴史】／ＨＰパナソニック　ビルトイン食洗機まるごとQ&A　基本知識編／ＨＰキッチン・バス工業会　システムキッチンの登場　●IHクッキングヒーター　肥後温子、調理機器の変遷と調理性能の向上、日本食生活学会誌、30-4（2020）191-200／ＨＰイワタニアイコレクト　カセットこんろの歴史／ＨＰ電気安全環境研究所 電磁界情報センター／ＨＰ日立グローバルライフソリューションズ　クッキングヒーターで使える鍋と使えない鍋　●低温調理器　吉田元、日本における低温殺菌法の発展、科学史研究II、28（1989）25-31／脇雅世、真空調理法、調理科学、22-3（1989）190-195／ＨＰAbout the Crockpot® Brand／田崎達明、食品衛生学、羊土社（2019）／ＨＰ東京顕微鏡院　加熱しても死なない食中毒１.セレウス菌による食中毒

第2章　リビング・寝室の機械

●テレビのディスプレイ　ＨＰシャープ　AQUOS HISTORY／ＨＰ富士通ゼネラル　富士通ゼネラルグループ　沿革／木村宗弘、液晶ディスプレイの基礎、映像情報メディア学会誌、67-7（2013）578-583／井上博史、プラズマディスプレイパネル、FUJITSU、50-4（1999）271-276　●エアコン　ＨＰ富士通ゼネラル　エアコンの歴史／ＨＰ東芝ライフスタイル　大清快の歴史スペシャルサイト　エアコン／ＨＰ日立グローバルライフソリューションズ　エアコンのしくみを知りたい。／ＨＰストップ・フロン全国連絡会　フロンって何？　●掃除機　ＨＰTOOLS DOCTOR 掃除機の歴史／ＨＰ東芝未来科学館　1号機ものがたり　日本初の電気掃除機／ＨＰGfK　2022年家電・IT市場動向　●照明　ＨＰ東芝ライテック　近代あかりの歴史と共に　東芝照明事業から130年の歩み／ＨＰ科学技術振興機構　事業成果　青色発光ダイオードを実用化／ＨＰマイクラフト　LEDの発光原理（構造と仕組み）／ＨＰ照明学会　やさしい照明　●時計　ＨＰ日本時計協会　時計の歴史／ＨＰセイコーウオッチ　機械式時計のしくみ／ＨＰセイコーミュージアム銀座　時計と社会のかかわり／有澤隆、図説時計の歴史、河出書房新社（2006）／ＨＰ情報通信研究機構　標準電波（電波時計）の運用状況　●電動ベッド　ＨＰパラマウントベッド　HISTORY／ＨＰフランスベッド　フランスベッドの歩み／三宅徳久、初雁卓郎、介護用ベッドとその周辺機器、計測と制御、56-5（2017）371-376／ＨＰフランスベッド　電動ベッドの選び方／ＨＰパラマウントベッド　アクティブスリープベッド

第3章　バスルーム・洗面所の機械

●洗濯機　🔗ウィキペディア　洗濯機／🔗東芝ライフスタイル　東芝電気洗濯機75年の歩み／🔗家庭電気文化会　家電の昭和史洗濯機　●電気シェーバー　🔗パナソニック　パナソニックシェーバーの進化と歴史／🔗マクセルイズミ　シェーバー／🔗WIRED　March 18, 1931: The Schick Hits the Fans／🔗WIKIPEDIA　Electric shaver／🔗BRAUN　ABOUT US HISTORY／岡本篤樹、電気シェーバー（1）＆（2）、NSST通信（2018）　●ヘルスメーター　🔗テクノリサーチ　はかり商店／🔗デジタルヘルスメーターのしくみ／北川薫、体脂肪測定法、体力科学、47-5（1998）／阪本要一、他、インピーダンス法による体脂肪の測定、日本人間ドック学会誌（1993）　●ヘアドライヤー　🔗ソリスジャパン　ソリス　ヘアドライヤーの歴史／🔗パナソニック　マーケティングと技術の融合が創出した新市場　美容家電／🔗テスコム電機　ブランドヒストリー／🔗日本エレクトロヒートセンター　赤外・遠赤外加熱の原理／🔗花王　髪のなりたち

第4章　パソコン・オーディオ・通信機器

●家電のマイコン制御　🔗コンピュータ博物館　日本のコンピュータ　パーソナルコンピュータ／🔗ルネサス エレクトロニクス　家電／ルネサス エレクトロニクス　冷蔵庫コンプレッサ用デジタル・インバータ　●音源メディア　🔗日本レコード協会　年次推移／🔗オーディオテクニカ　レコードとは　5レコードの歴史／🔗XERA　【音楽学】音楽産業の歴史と発展～レコード・CD・MP3・ストリーミング～／🔗ソニーグループ　第5章 コンパクトカセットの世界普及／🔗音元出版　PHILE WEB　林正儀のオーディオ講座　第22回：サンプリング周波数、量子化ビット数、クロックって？／🔗武蔵野美術大学　MAU造形ファイル　アートとデザインの素材・道具・技法　CD　●外部記憶装置　🔗Computer History Museum　IBM 3480 magnetic tape subsystem／🔗IBM　IBM 3480 magnetic tape subsystem／🔗富士通　プレスリリース　世界最小・最軽量を実現した3.5型光磁気（MO）ディスク装置を新発売／🔗ロジテック　LTOとは？基本的な知識や特長をわかりやすく解説／嘉本秀年、フロッピーディスクとドライブの技術とビジネス発展の系統化調査、国立科学博物館、技術の系統化調査報告共同研究編、Vol.14（2021）／🔗Leawo Software Co., Ltd.　【超詳細】CDとDVDの違いを解説！／サンワサプライ　USBケーブルの種類と転送速度／君塚雅憲、テープレコーダーの技術系統化調査、国立科学博物館、技術の系統化調査報告、Vol.17（2012）　●イヤホン　🔗HEADPHONESTY　When Were Headphones Invented: The Complete History／🔗TASCAM Japan　KOSSの歩み／🔗わたしのオト　イヤホンの歴史 1　イヤホン誕生前夜～ヘッドホンの歴史～／🔗オーディオテクニカ　ヘッドホン・イヤホンを識る　インナーイヤー型（イヤホン）の形／岡本篤樹、材料の素材に迫る-イヤホン（2）、NSST通信（2016）／🔗補聴器専門店プロショップ大塚　骨伝導とは？その仕組みと音質、安全性について／🔗TDK　TECH-MAG　第47回 真夜中でもここは大音響のスタジアム！-サラウンドヘッドホンの技術－　●電話　🔗KDDI　日本で電話が生まれて150年 黒電話や公衆電話など『電話の歴史』を振り返る／🔗日本電信電話　NTTグループの歩み／🔗パナソニック　【TV・電話・情報配線器具】電話用コンセントには、どのような種類が有りますか。／🔗NTT東日本　INSネットをご利用の事業者さまへ／🔗ソフトバンク　光電話（N）／🔗総務省　情報通信白書　●テレビ放送　🔗衛星放送協会　衛星

放送の歴史／🔗NHKアーカイブス　テレビ放送の歴史／🔗FUJITSUファミリ会　デジタル放送講座 第2回 デジタル放送とは／🔗ミツモア　UHFアンテナとは？VHFアンテナとの違いや設置方法について解説／🔗放送衛星システム　放送衛星とは？／🔗総務省　新4K8K衛星放送を受信するには　●携帯電話　🔗NTTドコモ歴史展示スクエア　ムーバ（アナログ）／🔗iPhone Mania　13年前に発表された初代iPhoneは、こんな端末だった／🔗ソフトバンク　「SIMカード」って何？知っておきたい種類と選び方、取り扱いの方法／🔗総務省令和2年版情報通信白書　第1部 5Gが促すデジタル変革と新たな日常の構築　第1節新たな価値を創出する移動通信システム（1）5Gの利用シナリオと主な要求条件／🔗総務省令和4年版情報通信白書　データ集　第4章第7節／🔗NTT東日本　携帯電話・通信の仕組みと歴史　●カメラ　🔗キヤノン　カメラの歴史をみてみよう／🔗リコーイメージング　リコーカメラ全機種リスト > 1946-1960／🔗富士フイルム　写ルンです シンプルエース／香川興勝、写真感光材料の構造とマイクロアナリシス、電子顕微鏡、Vol.17, No.2（1982）138-147／🔗ニコン　デジタル一眼レフカメラの構造／🔗パナソニック エンターテインメント&コミュニケーション　デジタルカメラ講座　●スマートウォッチ　🔗パーソルクロステクノロジー　Apple Watchの原型は33年前にあった!?当時のカタログで振り返る「腕時計型デバイス」の歴史／🔗ウェアラブルメイト　気圧計機能付きGPSウォッチで出来ること／🔗PC Watch　今更だけど知りたい「スマートウォッチ」の便利さと魅力／🔗バッファロー「Bluetooth®」とは？Wi-Fiとの違いやペアリング方法をかんたん解説！

第5章　乗り物

●自動車　🔗トヨタ自動車　トヨタ自動車75年史／🔗GREEN CAR REPORTS　We Hail Hybrids' Hundredth Birthday, But Were They Really Born in Belgium ?!?!?／🔗ワールドウイング　車の大辞典cacaca　【車のエンジン等】エンジンとは自動車の仕組みについて／神原・藤本・船本・布施・樫山、ロータリーエンジンの構造と歴史、マツダ技報、No.21（2003）／🔗国立環境研究所　環境展望台　環境技術解説　ハイブリッド車（HV）／🔗Spaceship Earth　FCV（燃料電池自動車）とは？特徴やデメリットと将来性を徹底解説／大仲英巳、燃料電池自動車の開発状況、高温学会誌、35-5（2009）231-238／🔗総務省　平成27年版情報通信白書 第2部ICTが拓く未来社会　第1節ICT端末の新形態　●自転車　🔗日本自転車文化協会　自転車の歴史　～自転車の誕生と発展～／🔗自転車文化センター　自転車誕生200年の歴史／谷田貝一男、シティサイクルの誕生発展と社会文化との関わりの歴史、日本自転車普及協会、自転車文化センター（2010）／🔗TDK TECH-MAG　第112回アシスト新基準-再注目の電動アシスト自転車／島田慎也、PAS PWユニットの開発、YAMAHA MOTOR TECHNICAL REVIEW　●車いす　🔗WHILL　車椅子の歴史とソノサキ／沖川悦三、車いすの歴史的変遷と今後の展望、日本義肢装具学会誌、27-1（2011）28-33／🔗ケイアイ　会社沿革／🔗車いす編　車いすの選び方、利用のための基礎知識／🔗日本パラリンピック委員会　コラム：スポーツと用具（夏季大会）／宮脇陽一、神谷之康、脳情報デコーディング技術とその応用、計測と制御、50-10（2011）／長沼良平、ブレイン・マシン インターフェイスの現状と将来、電子情報通信学会誌、91-12（2008）1066-1075／田中一男、脳波指令で動く車いすの開発、精密工学会誌、78-8（2012）662-665

●著者
森下 信（もりした しん）
1954 年千葉県に生まれる。1983 年東京大学大学院工学系研究科博士課程修了。工学博士。現在は、横浜国立大学名誉教授、福島国際研究教育機構監事。専門は機械工学。著書に『知って納得！ 機械のしくみ』（朝倉書店刊）、『セルオートマトン─複雑系の具象化』（養賢堂刊）がある。

●校正	株式会社鷗来堂
●デザイン	星 陽介
●イラスト	関谷 英雄
● 3DCG イラスト	吉原 成行
●図版制作	ニシ工芸株式会社
●編集協力	株式会社キャデック、山内ススム
●編集担当	山路 和彦（ナツメ出版企画株式会社）

本書に関するお問い合わせは、書名・発行日・該当ページを明記の上、下記のいずれかの方法にてお送りください。電話でのお問い合わせはお受けしておりません。
• ナツメ社 web サイトの問い合わせフォーム　https://www.natsume.co.jp/contact
• FAX（03-3291-1305）
• 郵送（下記、ナツメ出版企画株式会社宛て）
なお、回答までに日にちをいただく場合があります。正誤のお問い合わせ以外の書籍内容に関する解説・個別の相談は行っておりません。あらかじめご了承ください。

今と未来がわかる　**身近な機械　しくみと進化**

2023 年 10 月 6 日　初版発行
2024 年 12 月 1 日　第 2 刷発行

著　者	森下 信	©Morishita Shin, 2023
発行者	田村正隆	
発行所	株式会社ナツメ社	
	東京都千代田区神田神保町 1-52　ナツメ社ビル 1F（〒 101-0051）	
	電話　03（3291）1257（代表）　　FAX　03（3291）5761	
	振替　00130-1-58661	
制　作	ナツメ出版企画株式会社	
	東京都千代田区神田神保町 1-52　ナツメ社ビル 3F（〒 101-0051）	
	電話　03（3295）3921（代表）	
印刷所	広研印刷株式会社	

ISBN978-4-8163-7435-7　　　　　　　　　　　　　　　　　　　　Printed in Japan